国家级一流本科专业建设点配套教材

设计学方法与实践 ⊙ **产品设计系列**

孟凯宁 主编

明杉 曾钦宇 副主编

产品模型制作方法与实现

PRODUCT
MODEL

产品模型的认知

产品模型制作的思维

产品模型制作的造型与表现

产品模型制作材料的认识

产品模型制作实例

全 国 百 佳 图 书 出 版 单 位

化学工业出版社

·北京·

内容简介

本书将产品模型制作分为两大篇章：认知与思维篇和实践与运用篇。认知与思维篇是模型制作前的必要讲解，主要内容包括产品模型的认知、产品模型制作的思维、产品模型制作的造型与表现。实践与运用篇是模型制作中的实践与实现，也是本书的核心部分，围绕模型材料的认识、常用模型的制作、模型制作的综合实例展开。书中对常见模型材料的特征、分类、用途、注意事项等方面均有详细介绍，并从中挑选应用范围很广、易于读者学习的种类，如油泥、ABS塑料进行了有关制作工具与设备、程序、方法的介绍，并以案例的形式记录了相关典型模型的制作流程与注意事项，巩固所学知识。

本书既适合产品设计、工业设计专业的本科及职业院校师生使用，也适合已经参加工作的设计行业从业者和对模型制作感兴趣的读者参考。

图书在版编目（CIP）数据

产品模型制作方法与实现 / 孟凯宁主编；明杉，曾钦宇副主编. —北京：化学工业出版社，2023.6
（设计学方法与实践. 产品设计系列）
ISBN 978-7-122-42759-5

Ⅰ. ①产… Ⅱ. ①孟… ②明… ③曾… Ⅲ. ①产品模型-制作-高等学校-教材 Ⅳ. ①TB476

中国国家版本馆CIP数据核字（2023）第069779号

责任编辑：孙梅戈　　　　　　　　　　　文字编辑：冯国庆
责任校对：王　静　　　　　　　　　　　装帧设计：韩　飞

出版发行：化学工业出版社（北京市东城区青年湖南街13号　邮政编码100011）
印　　装：北京尚唐印刷包装有限公司
710mm×1000mm　1/16　印张9½　字数186千字　2023年9月北京第1版第1次印刷

购书咨询：010-64518888　　　　　　售后服务：010-64518899
网　　址：http://www.cip.com.cn
凡购买本书，如有缺损质量问题，本社销售中心负责调换。

定　　价：58.00元　　　　　　　　　　　　　　版权所有　违者必究

前 言

模型制作是产品设计过程中必不可少的阶段，是设计师常用的针对设计思维的推敲手段与验证方法，因此也成为设计师必备的基本技能之一。对于产品设计师而言，产品模型的直观性、可触性、易改性等特点能高效推进产品设计流程，使相关人员在产品设计开发过程中可以不拘泥于空间的限制，反复推敲修正方案，真切感受产品的外在形态、内部结构和人机关系。对于产品设计专业的学生而言，模型制作课程的训练有助于学生锻炼对工具的使用能力、对图纸的理解能力、对材料工艺的把控能力和对设计整体的掌握能力，让学生了解设计中的实物转化过程，从更广的维度理解产品设计。

笔者作为西华大学教师，从事一线设计教育二十余年，在产品模型制作课程教学中积累了丰富经验，并在教学中发现：学生在进行模型制作时经常只是机械地重复教师所授操作流程，不能灵活地将所学方法运用于实践制作。为充分调动学生与读者的主观能动性与自主创造力，更好地将模型制作理论与实践相结合，本书不仅对模型制作方法进行了详细讲解，而且为模型的最终实现进行了循序渐进的铺垫，即本书的第一部分：认知与思维篇。该篇为本书的第1~3章，主要讲解产品模型的认知、产品模型制作的思维、产品模型制作的造型与表现，以认识指导实践。第二部分则为实践与运用篇，该篇对应本书的第4和5章，主要讲述产品模型制作材料的认知和产品模型制作实例。

正所谓"眼到、手到、心到"，模型制作不只是手头上的功夫，更是思维上的训练。现有上课方式多为"眼到"与"手到"的教学，"心到"少有涉猎。本书旨在挖掘产品模型制作背后更深层次的部分，即设计思维的转化，指导读者如何系统地把抽象设计思维转换为三维实物模型，也就是把抽象的思维通过一定的方式具象化。这不仅向读者讲解怎么去做，而且启发读者思考要做什么、为什么要做、如何去做。因此，真诚希望读者在阅读本书时可以多观察、勤动手、善思考，以获得更佳的学习效果。与此同时，若读者在阅读过程中发现问题，请及时与我们取得联系，以便我们查漏补缺、共同进步。

本教材为国家级一流本科专业建设点西华大学产品设计专业系列教材之一，特别感谢西华大学教务处、西华大学美术与设计学院、西华大学美术与设计学院模型制作课程教学团队提供的支持。感谢孙虎教授、武月琴教授、李恒全副教授、NV+工作室团队所有成员、孙宁、姜敏慧、王媛麟、冉秋艺、蒙建青、张昊、张淼、孟扬轲、贾泽阳、许红飞、杨茶以及所有为本教材编写提供帮助的西华大学师生。

注：除特殊标明来源以外，本教材中所用图片均是西华大学美术与设计学院模型制作教学团队多年授课积累所得，均为自摄。

孟凯宁
2022年冬于西华大学艺术大楼

认知与思维篇

第1章 产品模型的认知

第2章 产品模型制作的思维

第3章 产品模型制作的造型与表现

实践与运用篇

第 4 章　产品模型制作材料的认识

第 5 章　产品模型制作实例

Chapter

1

第1章 产品模型的认知

【本章主要内容】

1. 了解模型的定义、作用与原则。
2. 学习模型对于设计的意义。

1.1 产品模型的定义

模型是以表达思维为目的的一种物件，它是主观意识沟通客观实体与虚拟表现的桥梁，因此每种模型都是对应思维的反映。模型的定义并不局限于实体与虚拟，从本质上讲，当一个事物伴随另外一个事物改变而改变时，那此事物就是另外一个事物的模型。从宏观上来说，模型大量应用于社会生产，它是人们出于不同目的，将抽象的目标原型提取共性并总结其中规律，用于反映此原型本质的一个物件。由于模型不受原型的限制，因此许多在原型中无法验证的实验可以由模型替代。例如在轮船、飞机的验证中，由于原型尺寸过大，设计人员不可能使用原型进行设计验证（图1-1和图1-2）。而且在一些具有危险性的实验中也只能使用模型来验证设计效果，如汽车碰撞实验中的假人模型（图1-3）、武器实验中的伤害评估模型等。

图1-1 轮船模型

图1-2 飞机模型

图1-3 汽车碰撞实验中的假人模型

在产品设计中，模型是设计师最常用的工具，是设计师验证思维的有效手段。产品模型按照不同的划分方式可以分为如下几种：①按照模型的用途划分，可以分为展示模型和研究模型（图1-4和图1-5）；②按照模型所处的设计阶段划分，可以分为原型模型和样机模型；③按照模型的比例划分，可以分为原尺模型、放尺模型、缩尺模型（图1-6～图1-8）；④按照模型的材料划分，可以分为油泥模型、纸质模型、石膏模型、塑料模型、金属模型、玻璃模型等（图1-9～图1-13）。绝大多数产品模型都是仿照产品的外形、颜色等重要特点，通过特殊的制作方式还原设计图纸要求，并且使得整个设计成本在可控的范围内、设计过程处于可视化的维度。

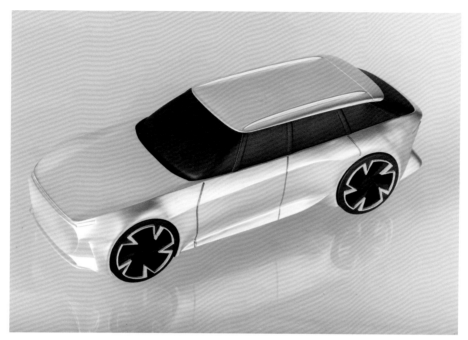

图1-4　汽车外观展示模型

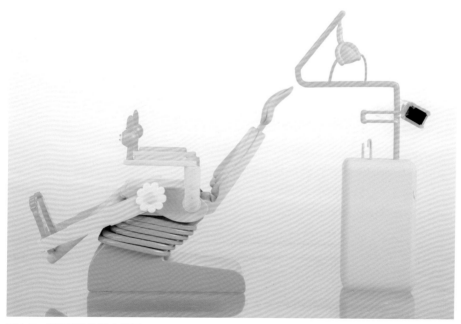

图1-5　牙科椅结构研究模型

图1-6　原尺模型

图1-7　放尺模型

图1-8　缩尺模型

图1-9　油泥模型

图1-10　纸质模型

图1-11 石膏模型

图1-12 塑料模型

图1-13 金属模型

1.2 产品模型的作用

1.2.1 设计思维的表达

设计思维是产品设计领域不可回避的问题，作为设计的起点，优秀的设计思维往往孕育成熟的设计作品。设计者的思维依托语言与文字、二维图形与图纸、三维数字模型和产品实物模型在设计过程中不断地呈现。在实际的产品设计过程中，设计师需要快速地捕捉灵感，并将抽象的设计思维具象化表达。产品实物模型在设计思维的具象化表达中有着其他表达方式所不具有的独特优势，它可以为产品研发提供直观的视觉与触觉感受，使产品尺度、颜色、材料、肌理等形态在现实的三维空间中被描述（图1-14）。

图1-14 模型的二维表达与三维表达

1.2.2　设计师与他人沟通的桥梁

　　产品模型作为设计师思维表达的载体，是设计师语言与意识物质化的结果。它服务于设计师与他人的沟通（图1-15），有助于设计师和同行、甲方或其他相关人员进行复杂的演绎与推敲。由于设计师交流的对象往往不具备设计领域的相关知识，很难将设计草图或效果图联想为实物，因此设计师需要借助产品模型来表达产品的结构、造型、材质、色彩。由于产品模型的可修正性，设计师在交流过程中将不断融入来自各方的思想，不断推敲造型比例关系、人机交互关系、色彩搭配关系等，逐渐形成一个具有多元思想的成熟产品模型，并最终投向生产环节。

图1-15　模型是设计沟通的桥梁

1.2.3　工艺与材料的验证

　　产品设计是一个复杂的过程，设计师无法面面俱到。产品从设计到生产会涉及材料学、工学、力学等各种领域的相关知识，它是多种学科交叉融合的产物。设计师仅仅凭借图纸很难准确把握产品的制作工艺与材料，只有当设计思维从表达转向实践的过程时，许多实际生产问题才会暴露。在实际生产中，哪怕只有一个零部件的尺寸或材料出现问题，也可能导致整个产品研发的失败。在此时产品模型变得至关重要，它是验证设计结构、尺寸、材料强度等要素能否满足设计要求的途径，也是验证制作工艺是否成熟或满足设计需求的方法。

1.2.4　结构与性能的测试

当设计处于二维空间时，人们并不能直观地感受它，无法观察到设计中包含的动态与变换。即使一张效果图渲染得非常逼真，它依然无法体现其结构之间复杂的关系。而三维实体模型则与目标产品处于同一维度，人们可以直观地触摸它，从不同的角度观察它，它是与目标产品相似度最高的一种物件。测试人员可以通过模拟操作来测试产品的人机关系、性能阈值、劳损度、灵敏度等各种参数指标，可以通过各种测试工具与测试方法来评估产品设计方案是否达到设计参数。产品模型的三维属性使得设计师与其他参与者能够在产品模型上直接进行调整与修改，这大大提升了设计效率，使得设计者的思维能直观地作用于产品的结构与性能（图1-16）。

图1-16　探究测试包装盒的结构

1.2.5　市场与商业价值的测试

产品的最终流向是市场，开发任何一个新产品都需要对其商业价值进行论证，市场与商业价值是产品设计永远不能避开的主题。设计公司需要采集目标用户数据，得到对产品的反馈。在产品设计初期，设计师必须与产品经理或市场销售人员沟通交流，了解市场对于功能和结构的需求，了解消费者对于价格或使用场景的要求，从设计的需求侧考虑产品的问题。产品开发流程漫长，其过程往往耗费大量的成本，并且具有一定的风险，如果生产出的产品没有准确的市场定位与合理的结构，其损失可想而知。在产品生产过程中，模具占据着重要地位，模具高昂的价格使得设计者必须在开模前得到一个准确无误的产品模型，如果错误发生在开模之后，前期投入都将付之一炬。因此使用仿真模型验证其市场与商业价值的成本要比直接生产低得多，正是由于其加工快、成本低、可修正等优点，使其在市场调研等过程中被广泛采纳。

1.3 产品模型的制作原则与意义

通常来说，一个完整的产品设计流程由三个阶段组成：前期的发现问题，即设计概念的提出、调研资料收集等工作；中期的分析问题，即设计方案的探索；后期的解决问题，即设计方案的确定。产品模型制作无论在产品概念设计阶段还是产品实际生产的流程中都极具重要意义，它是"设计解决问题"中的重要组成部分。

（1）设计前期，概念形成阶段

设计师会围绕需要解决的问题展开调研，通过资料收集、绘制草图与草模构建等方式整理出设计思路。此时的草模又称创意模型，其作用是捕捉瞬间灵感、快速表达设计想法，这为设计师进行自我推敲、设计小组内部探讨、论证该方案的可能性或可行性提供了途径。基于设计构思展开的模型，应遵循"简而广"的制作原则，强调高效性、灵活性和全面性。如使用简单的结构替代复杂的结构，借用已有的材料、肌理、结构，选用易得、易加工、可快速成型的材料，如纸张、泡沫塑料、黏土、油泥等，以取得在最短时间内进行最多最全的分析、比较、探索的效果。通过感官的实际触摸可检验产品造型与人机的相适应性、操作性和环境关系，从而获得合理的人机效果。例如：在门把手设计的过程中，"人－机－环境"关系的分析是其中的关键点，在探索其人机关系时，选用泡沫塑料进行草模的制作，因为泡沫塑料易于加工的特性，可对其反复进行测试打磨，直至得到预期效果（图1-17）。

图1-17 草模：探究门把手人机结构

（2）设计中期，方案探索阶段

设计师聚焦预定的草图或草模进行更深一步的研究，深入刻画其结构功能、外观造型、设计细节。这个时期的模型称为外观展示模型（图1-18）和结构功能模型（图1-19），其作用是以直观的方式展示和交流设计方案，并且深入地推敲和完善该方案。外观展示模型——仅对产品外观进行探索，多关注产品的"型"，如比例、颜色、材料、肌理、工艺等方面。相较于草模而言，这类模型更为细致，但精细度和还原度不及样机模型。结构功能模型——是对产品结构的探索，多关注产品的"能"，如安全性能、力学性能等。对于此类关注"能"的模型而言，应遵循"细而深"的原则，强调其系统性和合理性，要求在现实的三维空间准确地表现二维图纸效果，深化细节，使其尽量接近实际产品。

图1-18 外观展示模型：无人机

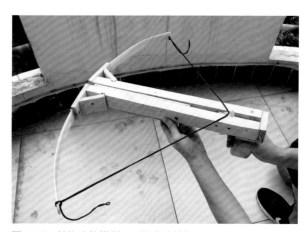

图1-19 结构功能模型：可以发动的弩

（3）设计后期，方案确定阶段

设计师需对已有方案进行验证和测试，为批量化生产做最后的准备。这个时期的模型被称作样机模型，是在产品各参数确定的情况下，制作出来的"单件产品"，是产品模型制作的最终表现形式。其作用是完全展示设计意图，为商品生产提供依据，减少研发成本，并测试和预估该产品的市场与商业价值。对于该类服务于投产的模型而言，应强调其完整性、准确性和真实性，遵循"精而真"的原则（图1-20）。

综上所述，对于设计人员而言，产品模型的直观性、可触性、易改性等特点高效地推进了产品设计流程，使得相关人员在产品设计开发过程中可以不拘泥于时空的限制，反复推敲修正方案，真切感受产品的外在形态、内部结构和人机关系。对于产品设计学习者而言，模型制作课程训练有助于锻炼学生对工具的使用能力、对图纸的理解能力、对材料工艺的把控能力和对设计整体的掌握能力，使学生得以了解产品设计从思维转化为实物的过程，从更多的维度理解产品设计。

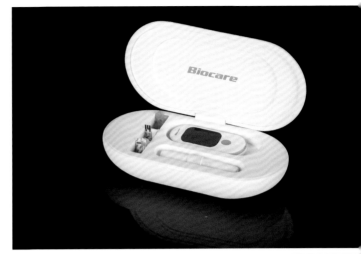

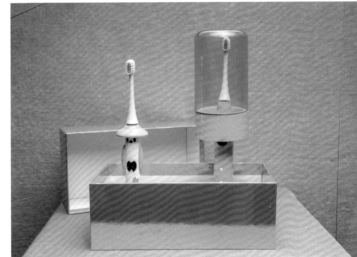

图1-20　样机模型：电子产品

Chapter

第2章 产品模型制作的思维

【本章主要内容】

1. 了解什么是模型的"定位""定性"与"定型"。

2. 学习从"定位""定性""定型"三个方面去思考如何进行产品模型制作。

3. 学习如何培养产品模型制作的思维。

导语

产品模型制作课程训练的不仅是动手能力，更重要的是一种以"目的"为导向的思维模式。我们知道惯例模式为："什么+如何→结果"（图2-1），即既定的问题加上既定的方式得到既定的结果。例如要设计一款榨汁机时，将榨汁机造型与目标功能相结合即可得到设计方案。这种惯例模式似乎很熟悉？的确如此，早在世纪之交，中国多数电子类产品就是以这样的模式问世的。这种单一粗暴的模式深深打击了自主创新与原创设计，严重阻碍了经济的高质量发展，随即无论是政府、企业还是高校都加快了对"创新"的探索。

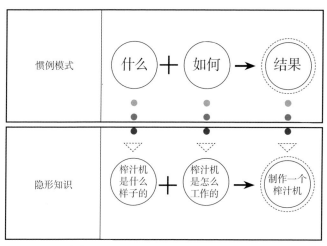

图2-1 惯例模式

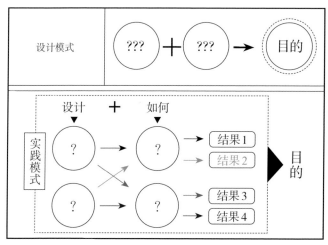

图2-2 设计思维模式

在产品设计的课程体系里，以"目的"为导向的思维模式贯穿始终。该模式鼓励学生在达到"目的"的过程中，探索"什么"和"如何"（图2-2），并且通过将两者排列组合得到不同的"结果"。也就是说，在这个过程中学生只知道要达到的目的或者目标，不知道需要去做一个什么样的东西，也不知道怎么去做，甚至不知道做出来的最终产品是什么，这一切都只有在实践推理中才能得到，这就是以"目的"为导向的设计思维模式，探索达到"目的"的任何可能。

所谓"正确的认识指导正确的实践"，产品模型制作实践亦离不开认识的指导，我们要探索一个模型，也应探讨"什么"和

"如何"。本书将于第2章从产品模型制作前的"三定"——定位、定性和定型入手，分别从三个不同的维度定义"什么"模型（图2-3）。第3章以产品设计与模型制作中的造型能力和表达能力为切入点，着重教授"如何"去一步步细化和具化模型。

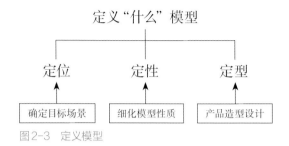

图2-3　定义模型

2.1　产品模型的定位

　　模型制作是有目的性的，那么在正式制作模型之前，设计者首先要明确模型所面向的场景，在本书中我们将寻找模型目标场景定位这个过程称为模型的定位。准确的模型定位是设计活动流畅和完善的有效保障，它有利于增加设计产品的实用价值，避免创作过程中的思维误区，改善设计思维活动习惯。由于本书主要面向的是各高校学生，因此将模型的定位分为三个方面，即面向教学的模型、面向研究的模型和面向市场的模型（图2-4）。希望通过产教研三个不同的维度为读者打开思路。

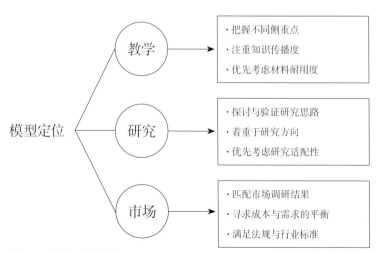

图2-4　模型定位分类特点

2.1.1　面向教学的模型

面向教学的模型重点在于展示特定的知识点，在制作过程中首先要明确教学对象的可接受层次。如面向儿童的教学模型应该做到尽量简单易懂，仅将需要表达的知识点制作清楚即可，过多的信息量反而不利于儿童的学习；而面向专业领域如医学中的人体结构模型则应尽可能地还原原貌，并将细节表达清晰，这样才能达到教学意义（图2-5和图2-6）。面向不同人群的教学模型有不同的侧重点，这使得我们在设计定位中要弄清楚设计目的，准确定位目标人群。无论受众如何变化，面向教学的模型都应该注重批量化生产，因为教学模型的价值在于传输知识，而知识必须具有一定传播度才能发挥其价值，这意味着教学模型的基数一定不是一个小数目，因此教学模型不能是工艺品，其生产和加工都必须满足一定规模的批量化。并且教学模型作为经常使用

图2-5　小火车模型

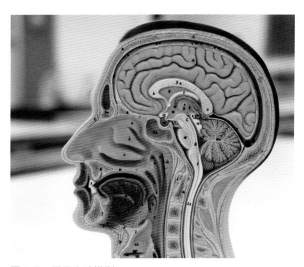

图2-6　医用人脑模型

的消耗品，其耐用性也是需要关注的重点，制作所使用的材料往往以耐用度为优先级，其次考虑成本等因素。

2.1.2　面向研究的模型

面向研究的模型重点在于探讨与验证研究思路的正确与否，通过模型解决研究中的实际问题。此类模型作为研究的一部分，其制作必须精准还原设计图纸参数，在制作过程中首先要考虑是否能够为研究提供有效的反馈，因此在设计和制作过程中需

要着重于研究方向。如同属于汽车模型的油泥模型与风洞实验模型，前者是对前期造型设计的论证，其特点在于可以反复地修改论证，可直观地反映设计中的不足，因此模型制作选用油泥这类可修改材料，并高度细节化地还原产品图纸。而后者则重点在于得出研究数据，因此只需要满足风洞实验要求的最低成本的材料即可，且并不需要制作出每一个细节，甚至可以根据研究目的模块化制作零件以获取研究数据。模型在研究领域适用范围极大，不同的研究对于模型的要求可谓天壤之别，但无论何种用于研究的模型首先考虑的便是与研究的适配性这一问题（图2-7）。在此基础上模型要将参数精准地表达出来，服务于研究对象。除此之外，面向研究的模型要重视效率，有效地参与实验过程是设计者应该重视的问题。

图2-7　摩托油泥模型

2.1.3　面向市场的模型

　　面向市场的模型重点在于满足既定客户的需求，由于客户需求的多样性，模型首先需要匹配市场调研的结果（图2-8）。这类模型的制作往往是在产品成本与受众需求间寻求一个平衡的过程。客户的消费能力决定此类模型的定价，也直接决定了模型所使用的CMF（Color Material Finishing，即产品的颜色、材料和表面处理工艺）。与前两者不同的是，面向市场的模型作为一种消费品，其设计与制作必须遵守法规与相关行业标准。如绝大多数拼装模型都需要标注受众的年龄段，其零部件的大小也需要满足行业标准。面向市场的模型作为一种产品，其生产工艺、制作流程都应该是成熟的且可被量化的，作为整个商业运作的一部分，模型制作者必须要同上游产品开发部门、中游生产加工部门与下游销售售后部门都进行良好的沟通，只有这样才能制造出符合市场预期的模型。

图2-8　面向市场的模型：手办类模型（左上）；电影角色模型（右上）；动漫玩偶模型（下）

2.2　产品模型的定性

当我们对模型制作有了一个明确的定位之后便需要细化模型的性质。在本书中将其定义为模型的定性。由于模型都有潜在的模拟对象，但不可能完全复制该对象，因此该模型的表达需要有一个侧重点，以下从模型的功能性、概念性、造型性、理念性四个方面阐述如何细化模型的"定性"。

2.2.1　以功能性为主的模型

以功能性为主的模型主要是用以论证前期设计是否能达到既定的要求。具体主要用于研究产品的结构机能、力学性能以及人机交互，同时也用以论证前期设计尺寸是否合理、各零部件是否适配。因此在制作过程中要确保模型各部件结构的结构机能、力学性能、精度达到测试需求。作为功能性模型其侧重点在于"功能"，因此材料、外形、色彩等各方面只需要服务于功能即可，不需要完整地呈现模型对象的全部特征。如当我们使用一个头盔论证人机关系时，只需要制作出符合要求的结构与形状即可，而此时制作的材料与色彩等方面便不需要作为考虑的对象（图2-9）。这样有针对性的模型制作将极大地提高生产设计效率并有效地降低产品研发成本。

结构的不合理与预期不足是模型功能性论证过程中最常见的问题。此类模型便于设计师与结构工程师相互交流探讨，通过与结构工程师沟通再对模型进行修正（图2-10）。如一些结构的受力点过于集中导致材料的疲劳；材料受到环境变化的影响而产生形变，导致与原设计的不适配等情况。虽然大部分问题如今都可以通过数字模拟算法计算出，但许多模型的结构是全新的，其验证的过程原本就是设计的一部分，以实体的方式呈现设计本身便是一种杜绝风险的有效手段。

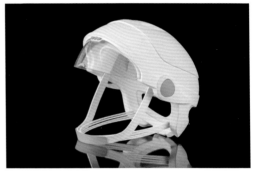

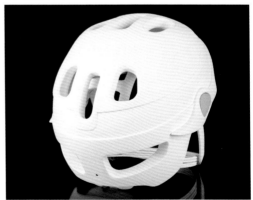

图2-9　头盔模型

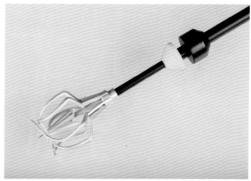

图2-10　机械模型

2.2.2　以概念性为主的模型

以概念性为主的模型是在产品方案确定之后为进一步论证产品的真实性而制作的一种模型。根据设计和制作形式的不同，大致可以分为开模概念模型与创意概念模型两大类（图2-11）。

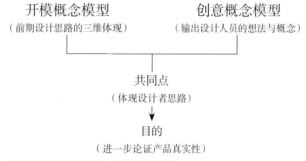

图2-11　以概念性为主的模型分类

以开模为目的的概念模型是对前期设计思路的三维体现，其作用是论证前期设计的正确与否，因此该类模型的还原度往往非常高，为进一步模拟产品的真实性而进行制作的相对较为细致精致的模型（图2-12）。为开模而做的设计模型对后期生产具有指导作用，因此，确保生产前模型原始数据的准确变得尤为重要，既要对设计形态进行加工，又要对工艺结构进行论证。随着科技的发展，计算机辅助系统与数控机床极大地提高了以开模为目的的模型精度与制作效率。

以展示创意为目的的概念模型旨在输出设计人员的想法与概念，它与以开模为目的的概念模型的共同点是它们都是设计者思路的体现，区别在于其主要注重设计的形式，重点在于输出设计者的思路与概念。创意概念模型所表达的更多是设计者对

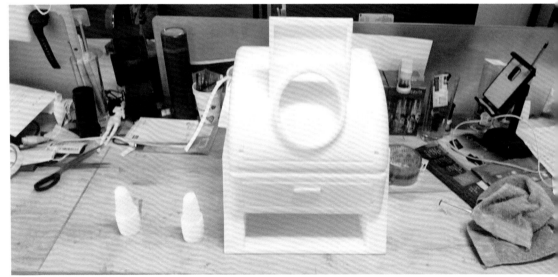

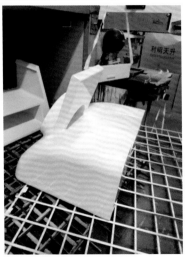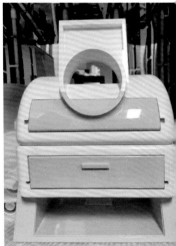

图 2-12　开模概念模型

未来的思考，许多功能和技术都是理想化的产物，创新性与艺术性占据了此类模型的
大多数方面（图 2-13）。因此，此类模型注重通过视觉元素表达产品创意，而较少地
考虑批量化生产的问题。此类模型由于不受生产加工的限制，因此可以充分地展现
设计者的思维，对于开拓产品的思路有着积极的作用，也有利于将概念化的思维与
三维实体相转化，发现设计中模糊的环节。以展示创意为目的的概念模型最重要的
是展现设计者的思维，因此在制作过程中不必拘泥材料和加工工艺，而重点应该在
于如何通过模型输出设计者自身的理念。

图2-13 创意概念模型

2.2.3 以造型性为主的模型

以造型性为主的模型是设计师将脑中的形态构思转化到三维空间中并验证其实际效果所使用的模型。这类模型一般用于产品开发前期和设计师之间的小组讨论、评估，因此一般不会面向市场或用于非专业人士交流。

此类模型所探讨的是形态问题，在制作过程中往往无法一蹴而就，造型的确定需要进行多次的修改与论证。因此此类模型形态相对简陋，制作较为粗糙，其制作原则是方便、经济、高效。对于此类模型的制作，通常选用易于加工成型且易于获得的常见材料，如黏土、油泥、石膏、泡沫塑料等，而制作工具与制作流程并不做强行要求。对于此类模型，重点在于设计师能够在制作模型的过程中完成对前期思维的论证，这是一个长期过程。设计师对造型的探究往往是一个否定与自我否定的过程，设计师通常会通过以造型性为主的模型来验证设计草图并修改设计草图，然后通过草图继续推敲造型，这便有效解决了二维草图中考虑不周的问题（图2-14）。

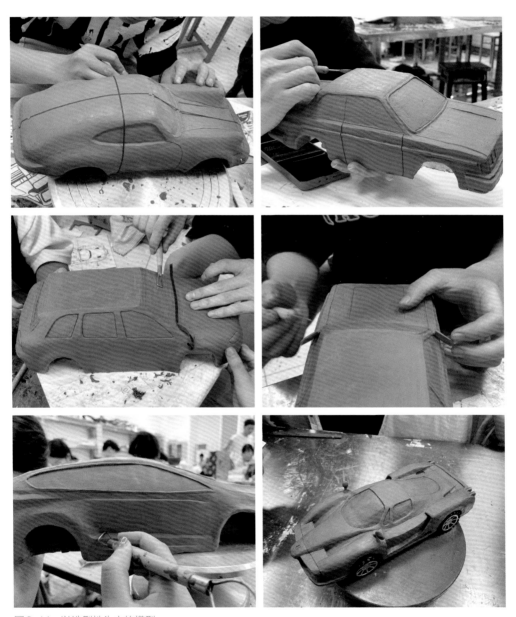

图2-14　以造型性为主的模型

2.2.4 以理念性为主的模型

以理念性为主的模型并不是传统意义上模型的分类之一，它与前几种模型并不能完全地划分开，本书之所以要归纳出此类模型是因为随着社会的发展，越来越多的文化理念方兴未艾，许多分类模糊化的模型逐步走入人们的视野。

当我们谈论一个产品时往往会被人问及其内涵是什么，而产品设计的发展也从单一地满足形式功能逐步过渡到注重产品的理念性这一更深的层次。当一个产品还未"落地"时，模型则成了设计师展示自己理念的最佳手段。这类模型通常应用于各类设计比赛与展览中，例如宣传环保的设计竞赛作品，或者宣传企业理念的车展中的汽车模型（图2-15）。设计的目的是解决问题，对于设计行业从业者或学习设计的学生而言，模型便成为输出自己"如何解决问题"这一理念最好的平台。因此无论我们在制作何种类型的模型时都需要明确其所想要表达的理念，而不是形而上学地机械重复。如果只是简单地将设计图纸三维化，那么机器比人更精确且有效率，而只有制作者将自己的设计哲学赋予产品模型时，它才能回溯到设计师最初灵光乍现的时刻。

图2-15 以理念性为主的模型

2.3　产品模型的定型

无论是以功能性为主、以概念性为主、以造型性为主还是以理念性为主的模型，都会涉及对模型中"型"的把握。"型"古义为铸造器物用的模子，现在衍生指"样式"。在产品设计语境下"型"有多种含义，按字面意思指产品的外观造型设计，但产品外观造型设计远不只是形态设计，还包括产品的色彩、品质、质感及给人的触觉等效果。我们知道，产品模型的制作过程是产品设计时的推敲过程，它是对设计师思维的可视化表达。因此，在明确了产品模型的"定位"和"定性"后，即可着手考虑模型的"型"，这就是我们前文所提到制作"什么"模型的最后一步——"定型"。

2.3.1　明晰产品形态

产品形态是设计师创作灵感的物化，最为直接地向使用者传递着产品信息，其综合性极强，需设计师兼备技术的理性和人文的感性，充分利用设计表现方法进行产品形态的设计。产品模型制作的目的多为对已有想法或图纸进行实体呈现，或是在现实空间中对其进一步修改打磨，模型对于产品形态的表达与推敲起着重要作用。在产品模型制作前设计师要大体明晰产品的基本形态，对形态的把握主要关注产品尺度、比例和层次，这是造型设计的基础（图2-16）。制作前，首先要明确产品的尺寸大小，尺寸关乎产品的合理性。无论多复杂的模型，抽象出来都是点、线、面、体四种形态的结合。设计者往往首先要考虑到设计标准的尺度，然后才是造型的比例和细节调整，以及材质的选择与色彩的搭配。

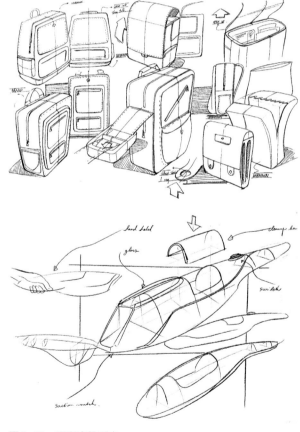

图2-16　明晰产品形态

2.3.2　探析产品CMF

模型不仅可以用来推敲产品形态，而且在产品CMF的探析中也起到了不可替代的作用。CMF是"Color Material Finishing"的英文缩写，指的是产品的颜色、材料和表面处理工艺，在产品设计中，设计师围绕用户针对设计品的颜色、材料和呈现做加强。CMF是在形态设计之后进行的，在产品的形态不变的情况下，在视觉上创造更多的可能性。比如消费电子类产品和家用电器的外形确定后，再设计出不同颜色和材质的版本，针对不同的用户群，做不同的CMF设计（图2-17）。在同一产品造型下，我们在视觉上追求有更多可能性的方式，设计产品系列，不同价格、不同颜色和材质的版本，这都需要运用CMF设计给予实现。确定好产品形态和CMF后产品的外观已具雏形，在产品设计过程中，通常会使用V-Ray、KeyShot等计算机可视化表达软件来辅助设计、模拟产品CMF。亦可采用模型制作的方式，在明确产品形态后进行颜色、材料和表面处理工艺的推敲。

图2-17　探析产品CMF

2.3.3 阐明产品语意

产品与模型都是一个具体的物理实体，是可以被人在三维空间内感知得到的客观物质。这一客观存在，或具功能意义，或具情感意义。也就是说产品设计通常分为两层：第一层如上文所述，为产品的表层，由产品尺度、比例、色彩、纹理等方面构成，表达基础的物理功能结构和外观视觉造型；第二层是更为深层次的情感意义层，也就是产品语意层，此部分以产品物理实体为载体，一般借助视觉、听觉、触觉甚至嗅觉来表达情感内涵，这就是产品符号性（图2-18）。

产品的外观造型如骨肉，语意如灵魂，两者不可割裂，共同搭建起产品的"型"。产品的符号意义蕴藏于物理实体内，依赖于物理实体进行表达，因此，对于模型造型的推敲过程就是对产品语意最优表达形式的解答过程。在正式着手模型制作前，应明确产品的语意并明确如何进行阐释，然后通过模型来推敲其表达形式。

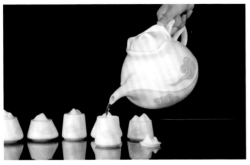

图2-18 阐明产品语意

Chapter

第 3 章 产品模型制作的造型与表现

【本章主要内容】

1. 认识产品模型制作与造型的关系。
2. 认识产品模型制作与表现的关系。
3. 掌握结构、机构、材料、感觉对于造型的影响，提升产品模型造型能力。
4. 了解不同表达方式的区别，掌握通过语言、手绘、计算机辅助等手段快速表达设计思维的能力。

3.1 产品模型造型能力

我们生活在一个物质的世界，在这个世界中小到原子或夸克，大到行星或恒星都存在其特殊的形态。世界是由物质组成的，其形态则是物质最直观的表达。一般而言，我们将自然界的物质划分为自然形态与人工形态。自然形态是指自然形成于世界中的形态，其主要特征是随机性、不规则性、差异性。自然界中几乎找不到一模一样的形态，其发展规律受到多种因素控制，这便造成了千差万别却生机勃勃的自然形态。人工形态是指经过人工设计或加工的形态，主要特征是秩序性、可控性、计划性（图3-1）。这些形态是来自人类对客观世界的理解，通过各学科（数学、物理、化学、生物等）的基础知识加以推敲研究而设计出的。尤其是进入数字化时代，机械加工精度与加工工艺得到前所未有的发展，人工形态的物体从工业革命时期的基本相同逐渐发展成现在的高度一致，在高精度机床的加工下，大部分产品用肉眼已很难分辨其形态的细微差异。但自然形态并不完全区别于人工形态，相反我们在自然形态中依旧能找到秩序性，但这是一种相对的秩序性，自然形态对秩序的表达为人类认识和改造客观世界提供了研究对象。因此，对自然形态中存在的规律进行研究总结并提炼往往会影响人工形态。

当我们解释了"形态"这一名词之后，则需要将其放在设计领域中讨论，这将会引出一个新问题——产品的形态如何产生与变化，而这个推演的过程便是"造型"。产品

图3-1 自然形态（上）；人工形态（下）

的造型与表达是一个系统而复杂的过程，它需要设计者对不同因素进行分析与论证（图3-2），从结构、功能、材料、感觉等方面探讨，通过归纳、抽象、逻辑等思维方法，利用数学、物理、化学、材料等相关的知识对所需要的物件进行造型。本节便以此为基础阐述产品模型中对其影响最大的几个方面，提升读者的产品造型能力。

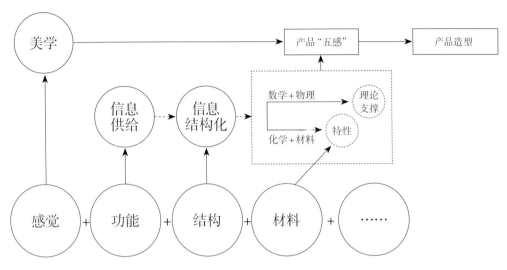

图3-2　产品形态推演

3.1.1　结构与造型

　　结构作为产品造型的基础，其存在主要服务于目标功能层面，在设计产品的结构时，设计人员需以功能为第一出发点，研究结构与造型的关系。在现实世界中充满了大量的自然形态与人工形态，这些形态虽千差万别，功能也不尽相同，但每一种形态都有其存在的意义。例如蜂窝为六边形结构是由于蜂窝结构是覆盖二维平面的最佳拓扑结构。蜂窝结构是蜂巢的基本结构，是由一个个正六角形单房、房口全朝下或朝向一边、背对背对称排列组合而成的一种结构。这种结构有着优秀的几何力学性能，因此在材料学科中有着广泛的应用。而在自然界中还存在许多结构与造型为设计人员提供参考，例如海豚的流线型身体结构有助于降低其在海洋中运动的阻力，从而降低能耗。猫科动物中空的骨骼有利于降低重量的同时增加其受力的强度（图3-3）。由此类众多元素构成并按一定规律结合而成的组成方式与形态表达方式我们称为"结构"。而在产品设计中，产品的结构需要满足设计者对于目标设计的需求，这种需求主要在于力学需求与人机关系的需求。

　　力学结构作为产品造型的基础，为产品创意转化成实物提供了可行性。理解力、

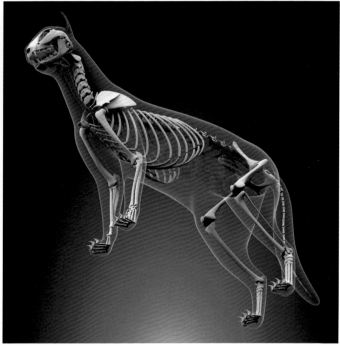

图3-3 蜂窝结构（左上）；海豚流线型身体结构（左下）；猫的骨骼（右）

结构与造型之间的关系，并分析产品功能与力学之间的关系是设计人员需优先考虑的环节，也是设计初学者必须掌握的技能。在设计阶段，设计人员需要从造型与功能的角度对设计图纸进行力学分析，使得造型满足既定目标。而随着数字技术的发展也出现了许多辅助软件验证设计的可行性。对于设计专业的学生而言，在实践中探索与认知基础的力学结构便成为一个不可缺少的环节。设计专业的学生需要具备对周围事物的敏感度，寻找生活中常见的力学结构并将其抽象转化于产品设计之中，例如常见的拱形结构、螺旋结构、三角形结构等（图3-4）。利用瓦楞纸实践感受不同力学结构对于产品造型的影响，例如通过纸桥实验分析不同结构下的纸桥承载能力，并将其结构迁移到所设计的产品中探讨力、结构与造型之间的关系。

图3-4　拱形结构（上）；
螺旋结构（中）；三角形
结构（下）

3.1.2　机构与造型

运动是永恒的，而静止是相对的，运动是物质存在的方式和最基本的属性，如果说结构是对产品形态相对静止阶段的研究，那么机构则是对产品多个部件之间运动联系的动态研究。物质的运动需要通过一定的方式实现，自然界中的动物通过复杂的身体结构实现运动，人类行走这一简单的动作需要大脑通过运动神经向屈髋肌群等目标肌肉发出指令，使目标肌群收缩发力并牵拉连接骨骼的肌腱完成，这一行为往往需要十多块不同肌肉在矢状面、冠状面与水平面同时做功才能完成。

而在产品设计中设计人员需要将实现运动的部件抽象与简化出来才能更有效地加以利用。在研究与探索中我们将主要实现运动的部件归纳为轴传动、齿传动、杆传动、带传动、链传动等机械传动机构，以及液压、气压、电阻尼、弹簧阻尼等机械传动机构（图3-5）。这些传动机构可以改变动力所提供的运动方式、运动方向或运动速度，实现不同的运动形式与运动效果。作为实现产品运动功能的基础，设计师必须考虑造型与传动机构的兼容性，这便需要设计师在造型阶段与设计上下游的工程师和生产制造车间进行交流。对于设计专业的学生而言，受所学知识结构的限制，并不能完全掌握复杂的机械结构，但也需要解读和理解机构传动的原理，具备能看懂机械结构图纸、厘清机械传动模式的能力，并最终将机械结构与所设计的造型结合，达到利用所学的机构传动知识论证其创意设计可行性的要求。

图3-5　机械传动机构

3.1.3　材料与造型

　　自然界中存在大量的人造物，而材料便是构成这些物质的基础，它是人类用于制造物品、器件、构件、机器等材料的物件。在产品设计中，材料是一切产品得以物质化的源头，它影响着产品加工工艺、产品目标功能、产品造型表达等各个方面。在研究产品模型造型的过程中自然也离不开对材料属性的理解与掌握。

　　自然界之所以丰富多彩是因为构成物质的原料都不尽相同，而人类在改造世界、创造产品的过程中同样也会使用大量不同的材料。每种材料都具有不同的属性特征，这是材料本身所具有的物理属性与化学属性。材料主要有木质材料、金属材料、半导体材料、高分子材料、生物材料、复合材料等（图3-6）。

图3-6　木质材料（上左）；金属材料（上右）；半导体材料（下左）；高分子材料（下中）；生物材料（下右）

　　材料的特殊性为产品设计提供了丰富的选择，设计人员需要根据设计目标选择恰当的材料进行制作。材料对产品造成的影响主要在于主观与客观两方面，材料会对人的主观感受产生影响。例如木质材料带给人温和稳定的感觉，金属材料带给人坚固冷峻的感觉，绒质物带给人温暖且具有亲和力的暗示。而材料的客观特性则为产品的工业加工选材提供依据，例如在航空工业中大量使用耐热材料，在电子产品中大量使用半导体材料。而随着科技的发展，高分子材料可以用作结构材料代替钢铁，甚至具有良好的导电性和耐高温等特征，给产品的研发与设计提供了更多的可能。

3.1.4　感觉与造型

感觉是指各种心理体验和反映的一般心理术语，如恐惧、愤怒、讽刺、怜悯等。而在产品设计中我们将设计者或用户对于产品的反映称为感觉，它是对于客观产品现实特征（材料、颜色、造型）的反映。对于大多用户来说只是能感觉到一个产品的美感，却表达不出究竟是什么使得产品具有了这种美感。而对于设计人员而言，则需要把握产品造型与感觉之间的关系。感觉并不是抽象的，在产品设计中有许多造型语言有明确的表达意义（图3-7）。设计人员需要借助造型语言表达设计思维与创作概念。感觉也不是孤立存在的，一个产品造型的感觉不取决于一个具体的部件或单独的结构，它是产品作为整体带给人的感受。因此感觉对于造型而言是产品设计中的最后一步，当设计人员考虑结构、机构、材料组成一个完整的产品之后，需要重新审视产品是否达到预期感觉，这需要设计人员有敏锐的洞察力与丰富的造型知识储备。

人类对于造型的感觉大多受自然界潜移默化的影响，例如流线型造型会营造出速度感，海豚和猎隼的身体线条流畅，符合物理规律，这种造型使它们获

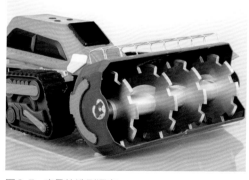

图3-7　产品的造型语言

得更快的速度。而重心向前的物体会具有动势，这是因为物体运动时必然改变其重心。笔直的并排线条带给人精确与秩序感，这是由于自然界中并不存在精准的直线。头重脚轻的设计会带给人倾倒感，而上小下大的造型会带给人稳固的感觉。设计人员需要利用这种后天养成的感觉进行造型设计，表达目标设计思维。在感觉与造型中存在着许多巧妙的设计，例如设计师通过材料、结构的调整设计出许多反自然的作品，从而带来强大的视觉冲击力。而设计师结合人类感觉进行设计时还可通过设计造型的引导实现一部分文字功能，甚至直接实现产品功能。在模型制作中感觉尤为重要，这是设计思维最直观的输出，设计人员要将感觉结合专业知识运用到实际制作中并研究感觉背后的科学原理，才能更好地塑造产品造型（图3-8）。

图3-8　直线型产品造型和流线型产品造型

3.2 产品模型表现能力

日常生活中,人的思维活动需借助载体来表达,语言与文字是人思维呈现的常用载体。设计亦是如此,设计思维需运用设计专业的特殊语言来实现,或是口头上的语言表述;或是纸与笔尖的图画勾勒;或是电子屏幕上的呈现;或是三维空间中的模型制作,这些都是设计惯用的思维表现工具。总体来说,将抽象的设计思维具象表达,并将其输出为可被感知的信息,本书将这种行为定义为设计思维的表达。其形式是丰富多样的,成熟的设计师可根据不同的环境、目的与需求选择恰当的表现形式,无论是通过思维听觉化(语言)、思维视觉化(草图与效果图),还是思维触觉化(实物与模型),均可合理地表达想法(图3-9),产品模型大多基于语言、手绘和计算机进行表现,是它们进一步的表达,具有其他方式所不具有的直观性与可触摸性。下面详细阐释不同表现方式的特点,在实际使用中可根据需求选择合适的方式。

3.2.1 产品的语言表现

用声音进行交流是人类与生俱来的能力,从婴儿的呱呱啼哭向父母表达饥饿起,人类便开始使用声音向外界传达信息。区别于其他动物,人类发出的声音之所以称为"语言",是因为经过系统学习后人类的发音具有明确的指向性与创造性,可以精准创造并传递信息。现代设计是群体合作的活动,免不了各类人员间信息的传递,使用语言进行信息的交换是最为快速和便捷的方式,其形式分为口头语言表现与书面语言表现。

口头语言表现是指通过说话的形式向接受者输出内容,多用于设计师与设计师之间、设计师与客户之间、设计师与设计管理者之间。在此过程中,设计师需具备清晰的逻辑能力、优秀的语言组织能力与强大的具象化能力。前两者理解起来较为简单,厘清语言组织的逻辑思路即可,我们可以尝试在表述过程中使用"总分总"的形式,先说结果,再说过程,最后强调与总结。例如,阐述某产品的某项功能时,我们可以说:"该产品的主要功能为……。它解决了以下几个痛点①……;②……;③……。由此可见,……"。

除了上述方法外,常见的还有按照设计发展的顺序进行叙述,可采用经典的"5W1H"法,例如向老师或上司汇报项目方案,可围绕设计的缘由或初衷(即何因Why)、设计的目标(即何事What)、设计服务的对象(即何人Who)、设计的使用场合(即何地Where)、使用时间(何时When)、设计的使用方法(何法How)这六个方面

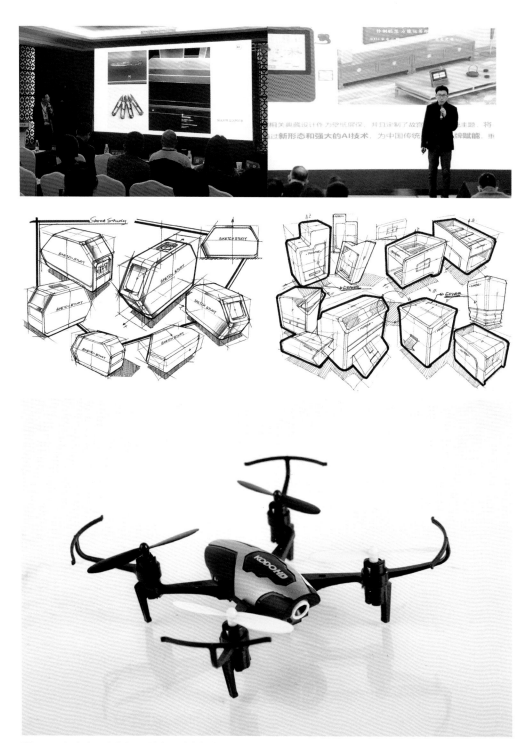

图3-9　语言表现（上）；手绘表现（中）；模型表现（下）

进行阐述（图3-10），这种方式适合于第一次向他人汇报设计方案，可以较好地讲清设计的来龙去脉。在特定环境下，不借助图纸将脑海中的事物陈述出来，口头地将抽象思维具象化，即通过简明、概括、形象的语言向他人描述想法，这也是设计师专业能力的一大表现，也是一大考验，常见的方法有通感、比喻等。

书面语言是基于文字在口头语言的基础上发展起来的，其表达方式更为正式和严谨。设计中用到书面语言表现最多的地方为设计说明部分，该部分需要用言简意赅的语言说明产品的功能、特征、设计理念和使用方法等，较为考验

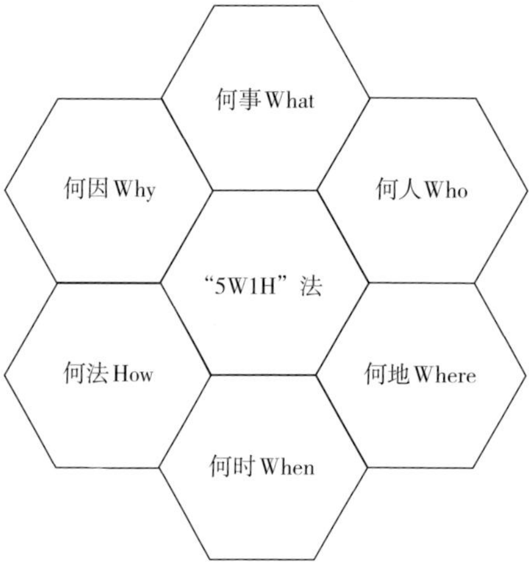

图3-10　"5W1H"图示

设计者的文字功底，可采用结构化语言分点阐明，适当辅以图片诠注。

3.2.2　产品的手绘表现

设计表现的形式丰富多样，借助纸与笔的绘图表现技法是一种直接且有效的表现方法，相较于口头与文字表达，二维图画更为直观，相较于模型制作更具便捷性与时效性。利用这种表现方式，可以将头脑中的内容迅速呈现在纸面上，借此进行自我推敲或与他人交流，以完善设计方案，但手绘表现视角较为单一。手绘表现在设计的许多环节起着不可替代的作用，常运用于设计初期草图绘制与简单的效果图表现上。草图阶段需借助手绘进行方案的构思，不要求精密的尺寸和细致的刻画，只要能表达出设计意图、形体特征和空间结构即可，由于这种简洁快速的表达特点，在短时间内可对图画进行反复修改，是一种高效的供设计者讨论交流的设计表现方法。

手绘效果图是指在草图的基础上，对较为满意的方案进行进一步描绘，应关注产品的尺寸、比例和透视等关系，着重考虑产品细节，可以用色彩和文字性描述辅助说明。如果将草图类比为设计师与自己的对话，那么效果图则是设计师与他人的对话，效果图承载着更明确的设计信息，有助于管理者的决策评议、生产部门的成本预测和营销部门的市场评估（图3-11）。手绘表现不受工具的限制，只要能清晰表达设计意图即可。产品设计手绘常见的工具有：铅笔、针管笔、马克笔、圆珠笔、色粉、平行尺、三角尺、比例尺等（图3-12）。

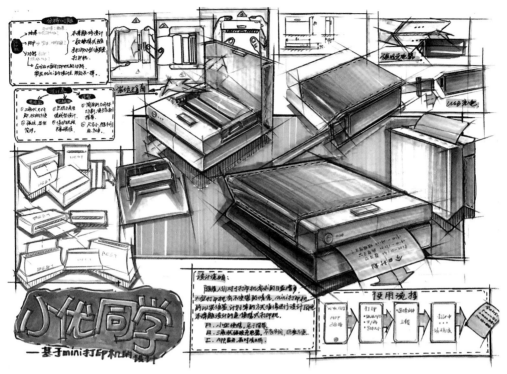

图3-11　手绘效果

图3-12　部分手绘工具

3.2.3　产品的计算机表现

计算机辅助设计是创意表现的一种方法，设计的创意都需利用手绘或计算机进行表达，这样才能被人理解，从而做出样机或手板，投入生产。在产品设计中，计算机辅助设计多用于外观设计领域、动力学仿真领域和视觉展示领域。在外观设计领域中，常利用 Photoshop、CorelDRAW、CAD 等计算机软件绘制二维图形；Pro/E、Rhino、3DS Max 等计算机软件创建数字模型（图 3-13）；Cinema 4D、KeyShot、3DS Max+VRay 等计算机软件渲染图像（图 3-14）。利用计算机绘图技术进行外观设计时可按照需求随时检验、修改，还可在设计过程中通过建模渲染最大限度地模拟产品的真实形态，具有便捷、直观、生动的特点。

近年来，计算机辅助设计在动力仿真领域中应用也愈加广泛，它可以便捷地模拟构件工作时的运动协调关系、运动范围、运动干涉、产品动力学性能（如强度、刚度等），帮助设计者模拟产品的结构和机构，常用的软件有：Creo、PRO/E、SolidWorks、Inventor、CATIA 等。

随着新媒体技术的发展，设计者的创作早已不拘于自身，展示与传播渠道得到了扩展。传统静态的、平面的展示方式已难以适应新时代的发展，各大高校纷纷开始开设产品数字化展示类课程，利用视频的形式展示产品的外观造型、结构功能、使用方法、使用场景等。此类表达方式最为通俗易懂，即使是非专业人士也能轻松理解

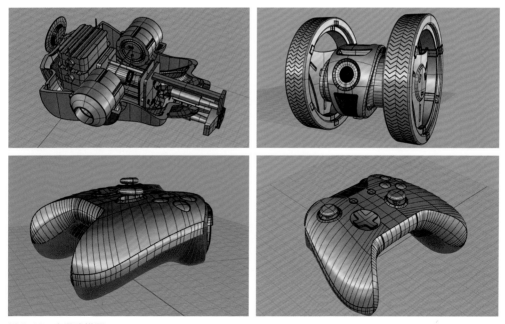

图 3-13　产品建模图

图3-14　产品渲染图

设计意图。常用的软件有：Cinema 4D、KeyShot、After Effects、Premiere等。由此可见，计算机辅助设计应用领域广泛，不单是产品设计的表现方式，也是产品投入生产的必要环节。

3.2.4　产品的实体表现

产品的实体表现即为产品的模型制作，产品模型可在真实的三维空间内展现产品的造型、结构、色彩、肌理等，最大限度地还原设计的理念。产品模型在设计不同阶段扮演着不同的角色，除表达设计思维以外，还可用于产品工艺与材料的验证、结构与性能的测试和市场与商业价值的测试。正是它独树一帜的可触性，其他表现方式难以代替其作用，产品模型制作的重要性不言而喻。

实践是基于理论的，了解完有关产品模型的相关理论知识后，接下来我们将进入实践篇，正式开始模型的制作，学习产品模型的制作方法和实现手段，通过动手实现设计想法。在前面的学习中，我们系统地了解了产品模型的基础认知（第1章），知晓了如何对模型进行定位、定性和定型（第2章），学会了如何去塑造产品的造型和选用模型进行设计思维表现的时机（第3章）。

下一个篇章：实践与运用篇，我们将一如既往地以理论指导实践，首先了解产品模型制作的材料，如油泥、塑料、金属、石膏、等材料，学习模型的基础知识（第4章）。再通过讲解油泥模型、ABS模型、快速成型模型的制作工具与制作设备的使用方法，学习它们的制作流程与制作方法（第5章）。

Chapter

4

第4章 产品模型制作材料的认识

【本章主要内容】
1. 认识油泥材料、塑料材料、金属材料、石膏材料、泡沫塑料材料、木材及其他常见材料。
2. 了解产品模型制作材料的特性及用途，掌握它们的使用与加工方法。

4.1　油泥材料

　　黏土模型与油泥模型都是采用泥材制作的模型，泥材作为手工艺品、五金、塑胶开模等模型制作的常用材料，具有可循环使用、久置不变质的优点。此类模型主要用于论证设计构思与推演，是产品设计初期极其重要的设计表达手段，也是产品从二维走向三维的重要环节。

泥材根据其混合成分可分为水性黏土与油性黏土，其中水性黏土制作的模型通常称为黏土模型，而油性黏土制作的模型通常称为油泥模型。两者的制作工艺与制作工具基本相同，但由于物理性质的区别，在保存与二次加工方面有明显的不同。

4.1.1　工业油泥

　　工业油泥（图4-1）是多种成分按照一定比例混合而成的特殊黏土，它具有稳定的化学性质，在20~25℃的情况下，能够保持较为理想的硬度与稳定的形态，适合对产品的细节进行修改，而在加热软化之后可进行大面积塑形或修补，这非常适合模型研究使用。油泥材料由黏土、凡士林、硫黄、油料、蜡、树脂、填料等按照一定比例配制而成，配料可以依据不同的温湿度环境进行微调，但需要注意由于配比发生变化，油泥的可塑性、硬度、黏度、刮削性都会随之变化。

　　工业油泥主要应用于产品的模型制作，尤其常见于表现汽车、摩托车等交通工具的外观与结构。目前产品设计中所使用的油泥大多来自日本和德国。其中使用最广泛的是J525油泥，这种油泥在45℃左右开始软化，在75℃时就会液化，因此将油泥放在55~60℃的环境中软化最为合适。

　　工业油泥可塑性极强，可随意修塑造型、深入刻画细节。由于其材质硬度较低、表面上色处理难度较大、成本较高，在产品设计中，适宜制作概念模型、外观结构展示模型等，不宜用于结构与性能的测试。

　　油泥模型制作大致流程为：选用材料、准备图纸、准备工具、制作模板、制作底座、制作内芯、加热油泥、敷油泥、刮油泥、处理表面色彩。

　　常用加工工具有：木板、三合板、泡沫、油泥刮刀、胶带、烤箱等。

图4-1　工业油泥

4.1.2 精雕油泥

精雕油泥的成分有别于工业油泥，其特性使得精雕模型在常温下性质稳定，易于雕琢。其特点在于对温度变化更为敏感，适合用于小范围精细雕琢或修补塑形，但不利于大面积使用，其主要用于小型雕塑造型或手办模型（图4-2）。精雕油泥通常以方块形状出售，而工业油泥通常以圆柱形状出售。精雕油泥中以NSP牌为代表的脱硫油泥最为常见，此类油泥不含硫与重金属，不粘手，可直接通过微波炉加热并可反复使用，具有较强的可塑性。

图4-2 精雕油泥

4.1.3 水性黏土

水性黏土也是采用泥材制作的，其组成是一种含水铝硅酸盐矿物质，由地壳中含长石类岩石（高岭土、钠长石、石英等）经过长期风化与地质作用而生成。在模型制作中广泛使用的是质地柔和细腻的水调生泥，需要通过反复砸揉而得，具有较强的黏性。水性黏土可塑性强，可根据设计图纸反复修改塑形，在制作过程中可以反复填补、削减。但它属于水性材料，保水能力差，缺水后易皲裂，不易保存，一般适用于产品设计中小型部件的探究与论证，而用于设计创意表达的模型，则需要通过石膏翻制等手段处理后才能便于保存（图4-3）。

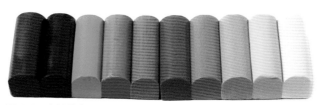

图4-3 水性黏土

4.2　塑料材料

　　塑料是以合成树脂为主要组成成分，加入适当添加剂，如稳定剂、抗氧化剂、阻燃剂、着色剂等制成的材料。塑料材料是现代工业的产物，也是现代产品模型中最为广泛运用的一类材料。塑料性质稳定、可塑性极强、可适应现代工业加工工艺的特点使其成为现代模型产品制作时的首选材料，为制作高质量、高仿真度的产品模型提供了可行性。通常以热塑性塑料为主，其中ABS塑料与有机玻璃（聚甲基丙烯酸甲酯）塑料最为常用。

4.2.1　ABS塑料

　　ABS塑料又称为ABS树脂，它是丙烯腈、丁二烯、苯乙烯三种单体的三元共聚物。作为一种常见的高分子材料，它是一种强度高、韧性好、易于加工的热塑型材料。

　　ABS塑料是乳白色的固体，具有一定的韧性，它的密度为$1.04 \sim 1.06 \text{g/cm}^3$，无毒无味，综合性能较好，冲击强度较高，化学性质稳定。ABS塑料耐热性较差，在$78 \sim 85 ℃$时会发生形变，在加热后可软化塑形。ABS塑料具有优良的力学性能，广泛用于各种产品结构部件之中，其冲击强度较好，可以在极低的温度下使用；其耐磨性优良，尺寸稳定性好，又具有耐油性，可用于中等载荷和低转速下的轴承等机构件之中，例如常见的齿轮机构或者产品关节活动件等。ABS塑料良好的力学性能也使其适应现代工业的生产，它具有良好的耐磨性与稳定性，适合车、铣、刨、钻、锉等机床加工工艺，能精确地还原设计图纸所需要的工艺精度。

　　用于模型制作的ABS材料的品种主要有板材、卷材、棒材、管材等。板材可直接对接模型图纸进行制作，根据设计图纸进行切割、粘贴成型。而其他形状的材料主要用于热压成型或软化之后的工业加工。

　　ABS塑料板模型大致制作流程为：绘制图纸、转印图纸、裁切材料、打磨材料、黏结成型、精修细节、喷涂绘色。

　　常用加工工具有：测量工具（直尺、卷尺、三角尺、游标卡尺、圆规等）、定位工具、钻孔工具（电钻、钻床等）、切割工具（美工刀、雕刻机、线锯机等）、打磨工具（锉刀、砂轮机、砂纸、抛光机等）、黏合剂（氯仿等）、烤箱等。

4.2.2　有机玻璃塑料

　　有机玻璃塑料（图4-4）是一种通俗的名称，化学名称为聚甲基丙烯酸甲酯，俗称亚克力，是由甲基丙烯酸甲酯聚合而成的高分子化合物。有机玻璃塑料分为无色透明、有色透明、珠光、压花四种。

有机玻璃塑料的密度为1.18g/cm^3，与同样大小的材料比较，其重量只有普通玻璃的一半，是金属铝（属于轻金属）的43%。有机玻璃塑料具有高度透明性，透光率高达92%，比玻璃的透光度高。普通玻璃只能透过0.6%的紫外线，有机玻璃塑料却能透过73%，高透明性使得其在产品设计中一定程度上可以作为玻璃等石英材质的替代品。有机玻璃塑料同样具有较高的机械强度，抗拉伸和抗冲击的能力比普通玻璃高7~18倍。

图4-4　有机玻璃塑料

这种材料具有良好的强度与稳定性，在经过加热和拉伸处理后，其分子链段会重新整齐排列，可获得更高的韧性，即使被子弹击穿后也不会破成碎片。因此，在工业设计中经拉伸处理的有机玻璃塑料可用作防弹玻璃，也用于军用飞机的座舱盖上。作为塑料制品，有机玻璃塑料与ABS塑料一样易于加工，有机玻璃塑料不但能用车床进行切削，钻床进行钻孔，而且能用丙酮、氯仿等黏结成各种形状的器具，也能用吹塑、注射、挤出等塑料成型的方法加工。其应用范围非常广泛，小到微观模型或假牙的制作，大到机舱盖或风挡和悬窗，均有它的身影。

有机玻璃塑料模型大致制作流程为：制作母模（木头制、水泥制、石膏制等）、翻玻璃钢、取玻璃钢、制作细节、表面处理。

常用加工工具有：容器（盆、桶、碗等）、称量工具（称、天平等）、涂刷工具（刷子、刮刀等）、切割工具（美工刀、剪刀等）、打磨工具（砂轮机、砂纸、抛光机等）、搅拌机等。

4.3　金属材料

金属材料是自然界较为丰富的一种物质，在自然界中常常以固体的形式出现，大多数金属材料为电和热的优良导体，具有延展性，密度较大，熔点较高。金属资源普遍存在于地壳和海洋中，除少数很不活泼的金属如金、银等以单质形式存在外，其余都以化合物的形式存在，是现代工业产品中最重要的、运用最为广泛的物质之一。

金属材料模型大致制作流程为：绘制图纸、选择材料、切割、打磨、焊接、表面处理。

常用加工工具有：测量工具（直尺、卷尺、三角尺、游标卡尺、圆规等）、画线工具（画线平板、画针、划规等）、夹持工具、钻孔工具（电钻、钻床等）、裁片工具（美工刀、雕刻机、线锯机等）、打磨工具（锉刀、砂轮机、砂纸、抛光机等）、钢锯、锤子、大型设备（车床、铣床、刨床、磨床等）、焊接工具（电焊机、锡焊丝等）、弯管机、折弯机等。

4.3.1 黑色金属

黑色金属是指铁、铬、锰的统称，也包括三种金属的合金，其中以钢和铁最为常见。钢和铁主要以其中含碳量作为区分，含碳量2.0%～4.5%（质量分数）的称为生铁，含碳量0.05%～2.0%（质量分数）的称为钢，含碳量小于0.05%（质量分数）的称为熟铁。钢具有更优良的材料性能，钢与铁相比具有更高的硬度，其塑性与韧性也更好，易于加工，抗冲击。钢与铁作为工业加工中最重要的材料之一，有非常多的规格，下面是几种最为常见的钢铁材料。

（1）铸铁（图4-5）

铸铁的含碳量大于2%，按碳存在的形式分类，可分为灰口铸铁、白口铸铁、麻口铸铁。灰口铸铁含碳量较高（2.7%～4.0%），碳主要以片状石墨形态存在，断口呈灰色，简称灰铁。其具有良好的减震性与耐磨性，铸造性能和切削加工性能较强，常用于制造机床床身、气缸、箱体等结构件。白口铸铁碳、硅含量较低，碳主要以渗碳体形态存在，断口呈亮白色。其硬度高但脆性大，无法承受较大的冲击载荷，多用在需要耐磨度高的零件处，以及锻铸铁的坯件时使用。麻口铸铁中的碳以石墨和渗碳体的混合形式存在，断口呈灰白色。这种铸铁由于脆性很大，很难满足现代工业加工。

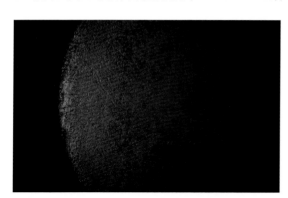

图4-5 铸铁

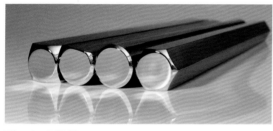

图4-6 不锈钢

（2）不锈钢（图4-6）

根据GB/T 20878—2007中的定义是以不锈、耐蚀性为主要特性，且铬含量至少为10.5%，碳含量不超过1.2%的钢。根据化学成分上的差异一般将不锈钢分为普通不锈钢与耐酸钢，普通不锈钢一般不耐化学介质腐蚀，而耐酸钢则一般具有不锈性。在工业生产中不锈钢通常以数字命名来区分不同型号，按成分可分为Cr系（400系列）、Cr-Ni系（300系列）、Cr-Mn-Ni（200系列）、耐热铬合金钢（500系列）及析出硬化系（600系列）。在大气或弱碱性的环境中不锈钢具有优良的稳定性，不易发生氧化反应。其主要特性有焊接性、耐腐蚀性以及良好的耐热性与抛光性。由于这些特性，不锈钢能长期保持金属光泽，被广泛用于建筑、家具、医疗器械、仪器仪表等各个领域。

4.3.2　有色金属

有色金属是指除黑色金属之外的金属，主要指的是除铁、锰、铬以外的所有金属的统称。广义的有色金属还包括有色合金，有色金属可分为轻金属、重金属、贵金属、半金属、稀有金属五大类。轻金属主要指的是铝、镁、钾、钠、钙、锶、钡等。重金属主要指的是铜、镍、钴、铅、锌、锡、锑、铋、镉、汞等。贵金属主要指的是金、银及铂族金属。半金属主要指的是性质介于金属和非金属之间，如硅、硒、碲、砷、硼等。稀有金属主要指的是钛、锆、钼、铟、锗、钫、钋等。有色金属中的铜是人类最早利用的金属材料之一，在现代工业装备制造领域，有色金属以及合金运用广泛。随着科技的进步与技术的发展，有色金属及其合金逐渐成为机械制造业、建筑业、电子工业、航空航天、核能利用等领域不可缺少的结构材料和功能材料。以下简单介绍几种在产品设计与产品模型制作中常见的有色金属材料。

（1）铝（Aluminium）（图4-7）

元素符号为Al，原子序数为13，其单质是一种银白色轻金属。铝的导电性仅次于金、银、铜，具有延展性，与氧的亲和力强。铝在潮湿空气中可形成一层防止金属腐蚀的氧化膜，使其保持良好的耐大气腐蚀能力。铝的密度为2.70g/cm^3，熔点为660℃，沸点为2327℃。铝元素在地壳中的含量居第三位，仅次于氧和硅，是在地壳中含量最多的金属。由于纯铝的强度与硬度都不能达到工业生产与工业产品的需求，因此在现代工业中常常使用铝合金作为原材料使用。作为工业上用量最大的有色

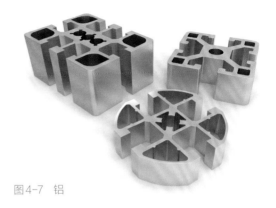

图4-7　铝

金属，铝合金强度高且重量轻，加工技术成熟，成本低，广泛应用在航空、建筑、汽车等领域，适合制造各种产品的结构与外壳零件。

（2）铜（Cuprum）（图4-8）

元素符号为Cu，原子序数为29。铜呈紫红色光泽，密度为8.92g/cm^3，熔点为

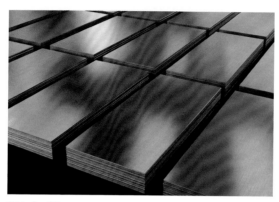

1083.4℃，沸点为2567℃。纯铜是柔软的金属，具有良好的延展性。以锌为主要添加元素的铜合金称为黄铜，以镍为主要添加元素的铜合金称为白铜。铜合金导热和导电性能较好，力学性能优异，常在电子与电器元件中使用。铜在工业生产中也常以合金的形式出现，其中以黄铜和白铜最为常见。

图4-8 铜

（3）钛（Titanium）（图4-9）

元素符号为Ti，原子序数为22，钛是一种银白色的过渡金属，是稀有金属的一种，在自然界中分布较为分散并难以提取。其特征为密度小、强度高、具金属光泽、耐湿氯气腐蚀。钛合金作为工业领域极为重要的一种材料，具有重量轻、强度大、耐高温、耐腐蚀、韧性好等优点。其机械强度与钢相差无几，在工业制造中常用于航天航空领域，是火箭发动机与卫星外壳的主要材料。

图4-9 钛

（4）镁（Magnesium）（图4-10）

元素符号为Mg。镁是一种银白色的轻质碱土金属，具有一定的延展性和热消散性。纯镁强度较低，但镁合金具有强度高、刚度高

图4-10 镁

的特点，导热性、导电性、阻尼减震与电磁屏蔽性良好。其密度比铝小 30%，是金属中最轻的工程结构材料，易于加工成形，是电子产品与航空工业中常用的材料。

4.4　石膏材料

　　石膏是一种单斜晶体矿物，呈无色半透明状。其主要化学成分为硫酸钙（$CaSO_4$），由于成本低廉的特性使其应用范围较广，常用于工业领域、医疗领域、艺术设计领域和建筑领域。石膏是产品设计中较为传统的一种模型制作材料，具有可塑性强、复制性高、化学稳定性强、加工性能强等特点。石膏产品模型方便打磨、刻画、修补，可以制作精细度较高的模型，如艺术领域的石膏雕塑或者作为制作牙齿整形方案的模型等（图 4-11），成品不易变形干裂，但较脆，易损坏，且易吸水受潮。石膏模型一般由石膏粉和水混合调配后灌注而成，石膏粉和水的比例在制作中起着决定性作用，水量直接决定着机械强度和气孔率。水的比例越大，密度越低，气孔率越高，凝固时间越长；反之水的比例越小，成品越硬，气孔越少，凝固时间越长。根据实验得出，石膏粉和水的比例在 1.2∶1 到 1.35∶1 之间最为合适。

　　石膏模型的制作方法分为：湿法制作法、雕塑成型法和翻模成型法。湿法制作法的基本步骤为：准备图纸、调制石膏浆、注入预计形状的容器、等待凝固、切削处理。雕塑成型法的基本步骤为：准备图纸、浇注雏形、等待凝固、打磨雕刻。翻模成型法的基本步骤为：

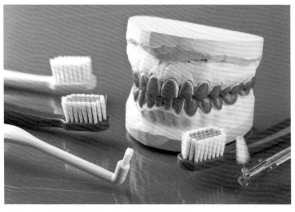

图 4-11　石膏雕塑（上）；牙科模具（下）

塑造母模、抹上脱模剂、浇注石膏、等待凝固、脱中空模、注入石膏、敲碎石膏模具、取出模型、打磨、装饰。

常用加工工具有：秤、笔、锯、凿子、刨刀、锤、刮刀、镂刀、修形刀、砂纸、抛光机等。

4.5　泡沫塑料材料

泡沫塑料（图4-12）是一种以合成树脂为基本成分，采用物理或化学方法发泡成型的高分子材料。泡沫塑料内部有大量微孔，亦称多孔塑料。具有重量轻、耐腐蚀、保温、防水、吸声、防震、成本低、易加工等特点，广泛运用于工业、建筑、交通运输、农业等领域。泡沫塑料可根据质地软硬分为：软质泡沫塑料（弹性模量小于70MPa）、硬质泡沫塑料（弹性模量大于700MPa）和半硬质（或半软质）泡沫塑料（弹性模量70~700MPa）。根据发泡率分为：高发泡率泡沫塑料（密度小于100kg/m^3）、中发泡率泡沫塑料（密度100~400kg/m^3）、低发泡率泡沫塑料（密度大于400kg/m^3）。也可根据使用目的分为：保温泡沫塑料、吸声泡沫塑料、抗震泡沫塑料等。常见的泡沫塑料有：聚氨酯泡沫塑料、聚氯乙烯泡沫塑料、聚乙烯泡沫塑料、酚醛树脂泡沫塑料、聚苯乙烯泡沫塑料等。

泡沫塑料模型大致制作流程为：绘制图纸、选择材料、切割、打磨修整、连接、细节刻画、表面处理。

常用加工工具有：热丝切割机、锯、美工刀、锉刀、砂纸、尺、画线工具、黏合剂等。下面详细介绍产品设计领域中常用的泡沫塑料。

图4-12　泡沫塑料

4.5.1　聚苯乙烯泡沫塑料

聚苯乙烯（PS）泡沫塑料（图4-13）是人们日常生活中接触最多的泡沫塑料类型，由聚苯乙烯塑料颗粒加上发泡剂、催化剂等添加剂制造而成。调整聚苯乙烯塑料颗粒和发泡剂的比例，可以得到不同发泡程度的聚苯乙烯泡沫塑料。根据发泡程度由高到低将聚苯乙烯泡沫塑料分为低密度、中密度和高密度三个等级，低密度的手感较软，适合工地填充、普通产品包装和防震；中密度的手感适中、硬度一般，适合用于保温和隔热填充，也可用来包装较贵重的产品；高密度的手感较硬，适合用于模型制作、底座插花、摄影板、户外广告板和较重的产品包装。制作产品模型时应选择发泡程度较低的泡沫塑料，如中小型家电、电子产品等。因为其发泡程度越低，密度越大、颗粒越细密、质地越硬实，更易砂磨平整，适用于塑造简单的形态结构，但不适合制作对细节要求更高、形态更复杂的产品。相较发泡程度低的聚苯乙烯泡沫塑料，发泡程度较高的聚苯乙烯泡沫塑料质地更轻盈，更易打磨，适合用于产品模型研究初期的草模阶段，可用来制作大型家电、交通工具的粗模。

图4-13　聚苯乙烯泡沫塑料

4.5.2　聚氨基甲酸酯泡沫塑料

聚氨基甲酸酯（PU）泡沫塑料（图4-14）简称聚氨酯泡沫塑料，按硬度可分为软质和硬质两类。软质聚氨酯泡沫塑料是一种常见的缓冲材料，弹性佳、隔热性好、化学稳定性优良，应用较为广泛，如做隔声材料、隔热材料、包装材料、软垫材料等。硬质聚氨酯泡沫塑料是理想的模型制作材料，价格较高，具有较好的加工性，

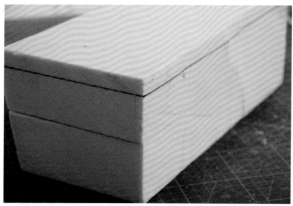

图4-14 聚氨基甲酸酯泡沫塑料（上）；泡沫塑料模型（下）

市场上常用的用于模型制作的该类泡沫塑料密度为35~300kg/m³，板材规格（长×宽×厚）多见于2500mm×1220mm×30mm，4000mm×1200mm×30mm，块材规格（长×宽×高）多见于300mm×300mm×300mm。此类泡沫塑料质地较硬，手捏不会变形，用手触摸表面后有细沙状的粉末粘在手上，部分位置会出现小孔；易切割，易打磨，易塑形；切割时不可用发热丝，可以用锯、美工刀等；塑形可以用锉刀、美工刀、砂纸等。

聚氨酯泡沫塑料可用于手工模型、工业模具、基础制模、模拟模型等。常见于家电、电子产品、交通工具、模具及模型设计等行业，弥补了石膏、石蜡、木材、铝材等存在的误差较大、易受潮变形、加工难度较大等不足，符合生产精品和数控加工工艺的要求。该材料不仅可用于机械加工，还可用于手工模型制作，是产品设计模型制作中优秀的加工材料。

4.6　木材

　　木材（图4-15）作为一种天然材料，从原始时期便为人类所利用。随着自然环境的变化和人类对自然界探索的不断加深，人类对木材的认识与探索的范围越加宽泛。加工技术的进步与工艺水平的提升也不断拓宽木材的应用范围，使之成为现代化经济建设的重要物质之一。木材加工方式从原始时期通过对原木的简单处理，逐渐发展到通过工具对其进行锯、刨、压等处理方式。第二次工业革命后，人类对木材的探索逐步深化到对纤维和化学成分的利用，形成了一个庞大的新型木质材料家族，如胶合板、刨花板、纤维板等。木材作为自然资源广泛存在于人类生产和生活的环境中，具有取材便利、易于加工、可再生等特点。其韧性好且质地坚硬、色泽质感丰富多变的特点也使其常被用于工艺品的加工制作。

　　天然木材由疏松多孔的纤维素与木质素构成，它的密度比金属、陶瓷等材料小，大部分木材都可浮于水，质地坚韧，富有弹性。其中竹与藤类材料正是基于其弹性与韧性这一特点，在加工中多采用编制、捆绑、热压塑形等工艺使其达到较高的结构强度，多用于家具产品生产中（图4-16）。天然木材具有特殊的纹理与质感，不同木材也具有明显的区别。如乌木亚光深沉，金丝楠木光泽感极强，红木氧化后色泽会逐渐

图4-15　木材

变深。同一木材的不同部位其质地和纹理也不尽相同，如木根部密度大，多结节，纹路变化呈现出无规律的特征，而树干上部密度略低，纹路具有一定规律。木材因其多孔洞的特性，具有良好的隔声性能。天然木材的热导率低，是理想的隔热与保温材料。干燥的木材电阻大，是良好的绝缘材料，但木材的绝缘性随着其潮湿程度逐渐降低。天然木材由于纹理结构与自然损伤的缺陷往往难以适应现代化大规模生产，现代化加工中大量的木材是以深度加工后的形式出现的，如胶合板、纤维板、合成木材等。随着绿色设计与可持续设计理念的发展，人类逐渐意识到对天然木材过度开采这一问题，如何高效地利用木材成为设计界探讨的热点之一。

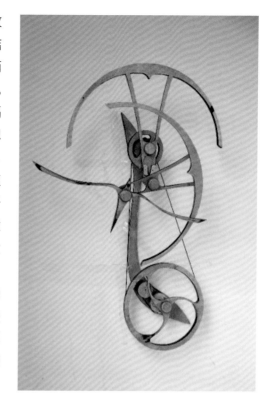

图4-16 木制模型（右上）；木质家具（下）

4.7　其他常见材料

材料是人类赖以生存和发展的基础，除上文介绍的材料之外，在现代生产和生活中还有大量的材料用于产品设计与产品模型制作。材料的重要性和普遍性已无需赘述，以下简单介绍一些其他材料的特征与应用。

4.7.1　复合材料

复合材料是指两种或两种以上材料通过不同方式组合而成的材料。复合材料通常以一种材料为基体，通过其他材料补强其性能。因此，采用复合材料的目的是在保持各组成部分的优点的基础上，通过各组分性能的互补和关联而获得一种单一材料达不到的综合性能。

（1）碳纤维复合材料

碳纤维又称高强度、高模量纤维，它以腈纶或黏胶纤维作为原料，通过高温氧化、碳化而成。碳纤维作为一种由碳元素组成的特种纤维，具有耐高温、耐腐蚀、抗摩擦、导电、导热等性能。碳纤维外形呈纤维状、柔软，这使得它拥有良好的塑形能力，可加工成各种编织物。碳纤维密度小，但由于其结构的特殊性，它有非常高的强度。碳纤维在汽车设计中最为常见，是理想的减重材料，通常用于汽车的轻量化（图4-17）。同时在工业设计中，碳纤维通常与树脂、金属、陶瓷等基体复合，用于产品的结构件中。碳纤维也是航空工业中最重要的原材料之一，近年来碳纤维也逐渐进入民用领域，多出现在体育用品与医疗用品之中。在现代产品中碳纤维已被符号化，人们赋予了碳纤维速度、高科技等新的语义，碳纤维从单纯的结构材料逐渐发展成为一种重要的装饰材料。

（2）超高分子量聚乙烯纤维复合材料

超高分子量聚乙烯纤维复合材料是指分子量超过100万的聚乙烯纤维，它的分子结构简单，拉伸后结构极其致密。它的强度是目前能制造出的各种纤维中最高的，相当于优质钢丝的15倍。同时具有轻量化、韧性好、化学性质稳定、抗腐蚀、抗老化等优点。它还具有优良的高频声呐透过性，因此它是制造舰艇高频声呐导流罩的重要材料。除了在军事领域外，超高分子量聚乙烯纤维复合材料还用于汽车制造、船舶制造、医疗器械、体育用品等领域。

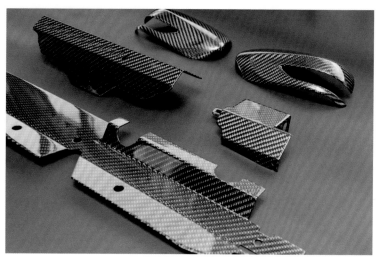

图4-17　碳纤维车身部件

4.7.2　皮革

　　皮革（图4-18）是所有天然皮革的总称，真皮是相对于人造皮革而言的，是从牛、羊、猪、马、鹿等动物身上剥离下来的一种类纤维组织。从动物身上剥离下来的皮革被称为生皮，而通过鞣制技术加工后得到的皮革被称为熟皮。按照鞣制技术的不同可以将皮革分为植鞣革、铬鞣革、半植鞣革等。植鞣革采用植物单宁对生皮进行鞣制加工，铬鞣革采用重金属原料对生皮进行鞣制加工。鞣制工艺能大大提升皮革的强度、耐用性、美观度等，使其可用于服装、箱包、家具、汽车等各个领域。

　　皮革按纤维组织划分可分为头层皮和二层皮。头层皮指的是保留皮革表皮层的部分，在绝大多数头层皮上都能观察到毛孔。二层皮指的是将皮革的表皮层铲除后的部分，二层皮由大量的纤维构成，由于去除了表皮层，其强度远低于头层皮，在生产加工过程中往往需要压胶贴面等处理以提高强度，使其美观。

　　随着现代化学与生产工艺的发展，也出现了许多皮革的替代品，其中人造革最为常见。人造革是PVC和PU等人造材料的总称。人造革多以编织布或无纺布为基，由不同配方的PVC和PU等经覆膜加工而成。人造革在一定程度上还原了真皮质感的同时大大降低了生产成本，但人造革强度低、易老化、耐用性差等特点使其多用于定价较低的产品。随着材料学的发展，人造革制造技术正在逐步进步，人造革也拥有许多皮革难以达到的性能，通过一定工艺制造的人造革具有良好的防水、防霉变、易生产、产量大等特点。在皮革供小于求的现代社会，人造革已经大量取代皮革用于鞋类、箱包、家具装饰等领域。

4.7.3　纺织品

纺织品（图 4-19）是经过纺织加工而成的产品，包括棉织物、麻织物、毛织物、丝织物等天然纤维织物，也包括人造棉、人造毛、涤纶、腈纶、丙纶等化学纤维织物。按照编制方式可分为梭织布与针织布两大类。纺织品是日常生活中最为常见的加工产品，应用极其广泛。纺织工艺也是人类最早掌握的工艺之一。在产品模型制作中纺织品多用于家具模型打样、服饰打样等领域。纺织品特殊的编制结构使其难以被其他材料替代。在产品模型制作中，若设计图纸中某个结构为纺织品，常直接使用纺织品进行该结构件制作以论证设计可行性。

4.7.4　纸质材料

纸是由含有植物纤维的原材料通过制浆、调制、抄造、加工等工艺流程制作而成的。纸张是记载与传播文化的重要工具，也是人类文明智慧的重要载体，它紧密地联系着人们的文化生活。纸的分类有很多种，现简单地介绍几种最为常见的分类方式。按生产方式划分可分为手工纸和机制纸，按纸张厚薄与重量划分可分为纸和纸板，按用途划分可分为包装纸、印刷纸、工业用纸、生活用纸等。纸张也是产品模型制作中使用频率最高的材料之一，瓦楞纸常常用于制作各种结构模型（图 4-20），例如在产品结构力学教学时常以其为原料进行纸桥实验。

图 4-18　皮革

图 4-19　纺织品

图 4-20　瓦楞纸模型

Chapter

第5章 产品模型制作实例

【本章主要内容】

1. 了解ABS塑料模型与油泥模型的制作工具与设备的使用方法，学习ABS塑料模型和油泥模型的制作流程与方法。

2. 了解传统模型制作与新型模型制作的结合手段，认识各类快速成型方法，学习快速成型技术下的模型制作流程与方法。

导语

对材料性质的基本认知是模型制作的基础，第4章简单概述了部分材料的特性及用途，接下来我们选取近年和未来产品设计领域中最常用的模型：ABS塑料模型、汽车油泥模型和快速成型技术下的模型，通过实例详细介绍此类模型的制作过程，这部分需大家拿起材料和工具，动手制作，一起感受将设计概念转化为实物模型的魅力。

5.1　ABS塑料模型制作

5.1.1　认识ABS塑料模型

塑料是一种合成或天然的高分子聚合物，在工业领域中，塑料被定义为以树脂为基本成分，按一定比例添加不同添加剂的混合物。在特定的温度、压力和时间的作用下能够被塑造成型。在第4章中我们已经简单地介绍了在产品模型设计中常见的几种塑料材料的特性，本章讲解ABS塑料模型的制作工具、制作工艺与制作流程。

一般来说，产品模型设计中常使用ABS塑料棒材（图5-1）、板材（图5-2和图5-3）、管材作为原料，原因在于此类材料方便切割、打磨成型，便于模型的制作。在制作过程中通过锯削、切割、钻孔、打磨、锉削、加热等手段便能准确还原设计图纸的要求。由于制作材料与加工工艺的限制，在手工模型制作的过程中，热压塑制成型多选择厚度1~3.5mm的板材。ABS塑料板材因配方差异其特性也略有区别，这要求制作者在模型制作过程中需要对未使用过的

材料进行实验，以获取此种材料的详细特性。

例如，当需要使用热压加工工艺时，应选择具有良好热延展性的材料，避免选择坚硬、受热后不容易拉伸且无法反复加热塑形的ABS塑料材料。当需要进行大量切割与打磨时，应选择质地较坚固的ABS塑料板材。质地较坚固的ABS塑料板材容易获得更为平整的切割面，也能通过打磨得到更加光滑的表面。当需要大量粘贴与喷涂时，应选择易于涂色并耐腐蚀的ABS塑料材料，这样便可避免在制作过程中无法上色或被胶水腐蚀的尴尬。因此，在模型制作前，模型制作者应该了解所使用的材料是否符合其选择的加工工艺。随着线上购物的发展，越来越多种类的ABS塑料材料能够在网购平台上购买，设计制作人员也可在文化用品市场或建材市场寻得不同型号的ABS塑料材料。

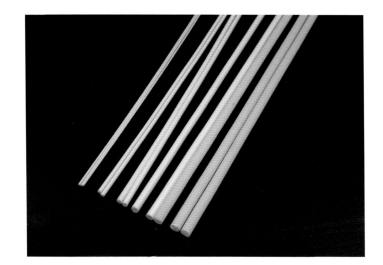

图5-1　ABS塑料棒材

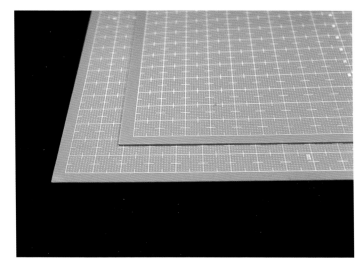

图5-2　带刻度的ABS塑料
板材

图5-3　不同厚度的ABS塑
料板材

5.1.2　认识材料设备与工具

常用于ABS塑料模型制作的工具有以下几大类：测量工具、定位工具、切割工具、打磨工具、钻孔工具、加热工具、黏合工具、辅助工具。在制作ABS塑料模型前，应当整理所需要的制作工具，了解各种工具的使用方法及其特点与区别，以下详细讲解ABS塑料模型制作所涉及的工具及其使用方法。

（1）测量工具

测量是设计标准化的重要步骤，在模型制作过程中制作人员应当注意模型的各项参数。这要求在ABS塑料模型制作中使用精确的测量工具辅助设计人员进行模型制作。常用的测量工具有直尺、三角尺、曲线尺、圆规、卷尺、活动角尺、平行尺、蛇形尺、游标卡尺、取型尺等。设计人员通过此类测量工具对ABS模型的尺寸、形状、比例、规格进行测量（图5-4）。

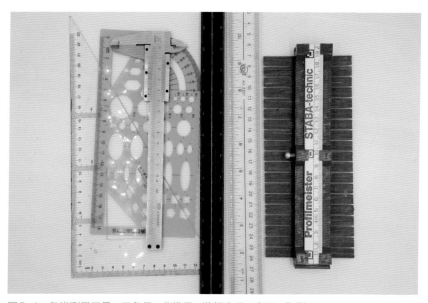

图5-4　各类测量工具：三角尺、曲线尺、游标卡尺、直尺、取型尺

（2）定位工具

在完成测量之后，制作人员需要对所测量的制作数据进行标记与定位。常用的定位工具有铅笔、水性笔、马克笔、刻刀、圆规刀、间距规等。制作人员需要将定位工具与测量工具配合使用，标记定位点、结构线、平面线等（图5-5）。

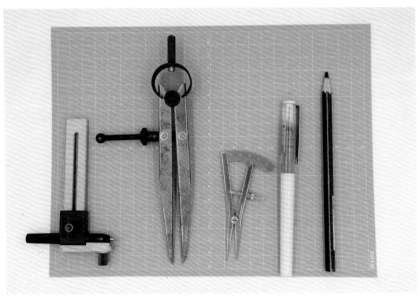

图5-5　各类定位工具：圆规刀、间距规、"迷你"间距规、水性笔、油性铅笔、切割板

（3）切割工具

当完成测量与定位之后，模型制作人员需要将板材切割成模型所需的各个部件。在切割过程中常会使用美工刀、勾刀、割刀、线锯、钢锯、手提式电动曲线锯、台式电锯。根据切割ABS板材的厚度、硬度、切割形状、切割断面的不同，制作人员需要准确选择切割工具，只有将切割工具与工艺准确地配合才能得到更为细致的模型部件（图5-6~图5-10）。

图5-6　夹持式美工刀与普通美工刀

图5-7　勾刀

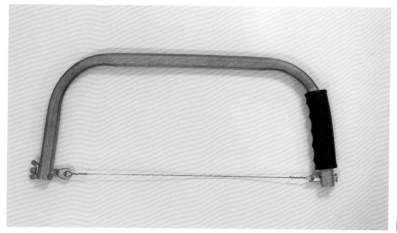

图5-8　线锯

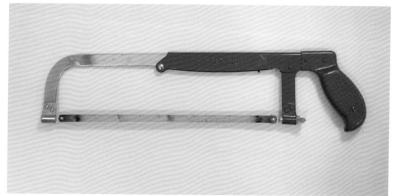

图5-9　钢锯

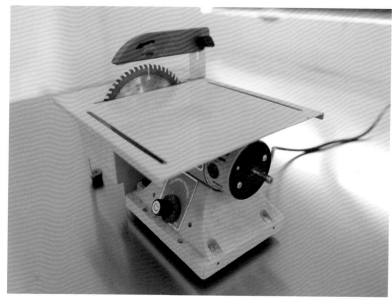

图5-10　小型台式电锯

（4）打磨工具

在完成对材料的切割之后，这些零部件通常还需要进行打磨处理，在这个过程中常用的工具主要为不同目数的砂纸、砂条、砂轮、锉刀、角磨机、平板砂光机等。其中砂纸是最为常见的打磨材料，砂纸的目数越小其摩擦系数越大，打磨掉的材料越多。50~200目的砂纸常用于打磨粗糙的表面，或将光滑的表面打磨粗糙。200~800目的砂纸通常用于零部件的进一步精细打磨，800目以上的砂纸则常用于零部件的抛光。打磨工具如图5-11~图5-16所示。

图5-11　砂条

图5-12　什锦锉刀

图5-13　锉刀

图5-14　角磨机

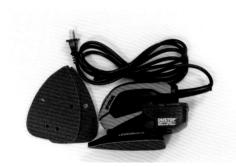

图5-15　平板砂光机

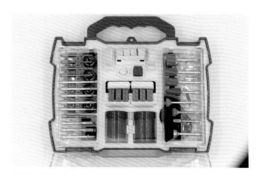

图5-16　磨头

（5）钻孔工具

当 ABS 塑料模型由板材、棒材等逐步变成零部件之后，制作人员需要将一部分零件制作为结构件或将其制作为可配合结构件使用的部件。这时常需要对零件进行钻孔与挖槽，常用的工具有手钻、手持电钻、钻床等。根据不同 ABS 塑料特性或是工作量的区别，制作者要合理选择钻孔工具（图5-17）。

图5-17　手持电钻

（6）加热工具

由于 ABS 塑料在一定温度下会软化产生形变，因此可以通过热压工艺制作出不同形状的零部件，或是通过对 ABS 塑料加热后进行焊接。在软化 ABS 塑料中常用到的工具有烘箱、烤箱、热风机（图5-18）、吹风机、热熔胶枪（图5-19）等。在加热前，制作人员需熟悉所使用 ABS 塑料的特性，避免出现 ABS 塑料因加热而焦化或燃烧的情况。

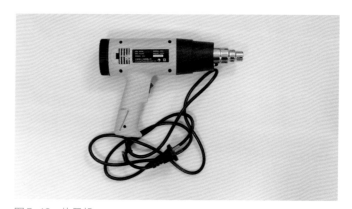

图5-18　热风机

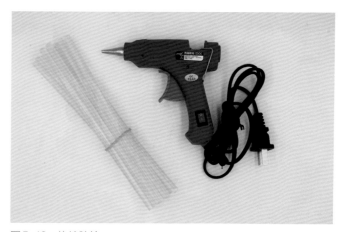

图5-19　热熔胶枪

图5-20　不同类型的胶水

图5-21　防护口罩

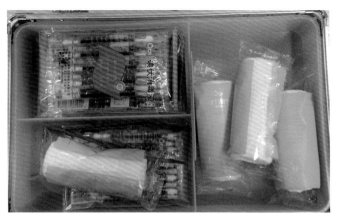

图5-22　医疗用品

（7）黏合工具

当各零部件单体都制作完成之后，需要将其组合拼接成一个完整的模型，在这个过程中常用胶水进行黏结。常见的ABS塑料模型黏合胶水有401胶水、502胶水、蚀刻片胶水、AB胶混合胶水、UHU胶水、白乳胶、模型专用胶水等（图5-20）。其中最为推荐的是模型专用胶水，此种胶水对ABS塑料腐蚀性小，并且有快干、慢干、流动性强、流动性弱等不同类型，适合应用于各类ABS塑料零件连接的场景。

（8）辅助工具

除以上几种制作工具外，在ABS塑料模型制作中还需要许多辅助工具配合使用，辅助工具主要帮助模型制作者提高制作效率或保护自身安全（图5-21~图5-23）。

图5-23　五金工具

（9）辅助材料

对于ABS塑料模型，除上述工具之外，还需要许多辅助材料使模型达到逼真的效果。辅助材料的作用在于修饰ABS塑料本身无法表达的设计语言，其中常用的辅助材料主要用于修饰ABS塑料模型的表面。模型制作者需要根据制作目标选择不同的喷漆工艺，其中常见的辅助材料有原子灰、自喷漆、油漆、抛光膏、转印纸、美纹纸等（图5-24和图5-25）。

图5-24　自喷漆

图5-25　油漆

在使用原子灰或水补土将模型修饰之后，往往需要对模型的颜色进行调整，并通过喷漆工艺对模型的材质进行模拟。这时候则需要选取适当的喷漆工具为模型上色，为避免在制作过程中喷漆外溢或者喷到其他区域，通常用美纹纸遮盖住不需要喷漆的部件。

　　常用的喷漆工具主要有喷罐类与喷笔类，喷罐类操作简易方便，但无法调节喷口进而控制出漆量，并且无法自行调色，适用于对喷漆完成度要求不高的模型。而喷笔类可调节喷口进而控制出漆量，并可自行调配需要的颜色。喷笔类主要分为单动喷笔与双动喷笔两类：对于单动喷笔，直接按压扳机便可进行喷涂，通过对扳机行程的控制调节出气气压；对于双动喷笔，需要按下扳机并向后拨动扳机才能出料，向下按的行程控制出气气压，向后拉的行程则控制出漆量。由于喷口可以控制，使得用喷笔上漆的模型颜色更加均匀，油漆颗粒分散，可以制作出多种特效，例如光泽、金属色、渐变色、迷彩色（图5-26～图5-31）。

图5-26　油漆清洗剂

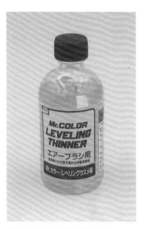

图5-27　油漆稀释液

图5-28　水补土

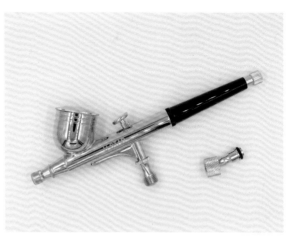

图5-29　喷笔

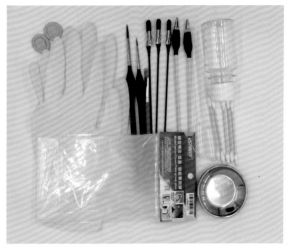

图5-30 气泵 　　图5-31 喷漆前准备工具

5.1.3 ABS塑料模型制作方法

第4章中我们介绍了ABS塑料模型的大致制作流程，但在具体的模型制作中，为了得到更好的效果或更方便操作，制作者可以适当调整顺序。下面我们介绍制作流程中的关键环节和重点注意事项。

5.1.3.1 裁切

在裁切ABS塑料模型制作材料之前需要明确设计图纸的尺寸，并将设计图纸转印于ABS塑料模型材料之上，明确所需要的板材、棒材数量，确定所选择的模型材料是否符合所选择的制作工艺。由于ABS塑料板材厚度与硬度的区别，所采用的切割工具也灵活多变。在实际使用中只要是能将材料准确地切割下来的工具都可使用。以下介绍几种常用切割工具的裁切方法。

（1）板材裁切

① 直线裁切：直线裁切是ABS塑料板材裁切中最基础且应用最广泛的裁切方式。在进行直线裁切之前，设计者需要在板材表面划出参考线。对于较长的板材，通常使用丁字尺进行划线；而对于较短的板材，通常使用短直尺进行划线。划线的过程中常用勾刀在ABS塑料板材中划出较浅的凹槽，这有利于稳定割刀的轨迹，能更好地保证切割出一条直线（图5-32和图5-33）。

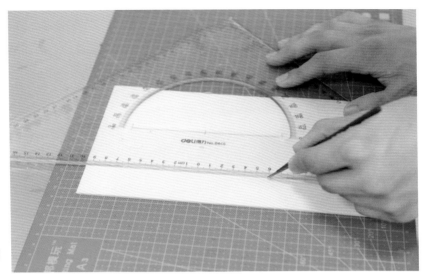

图 5-32　使用勾刀勾出凹槽

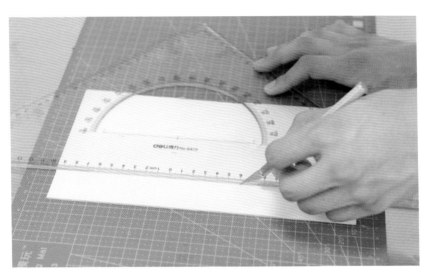

图 5-33　顺着凹槽使用割刀将 ABS 塑料板材划开

　　而在直线裁切中最为常用的是使用勾刀进行裁切，使用勾刀时需沿着直尺在 ABS 塑料板材上反复划出凹槽（图 5-34），在凹槽达到一定深度后，用力将板材掰断即可彻底将其分开（图 5-35）。在切割过程中，值得注意的一点是在切割矩形材料时需要确保对边的平行。由于转印与切割存在误差，每次切割完矩形的一个边之后制作者有必要以切割断面为基础重新校准对边。通常采用的工具是平行尺，或与切割板上的参考线对位校准。

图5-34　使用勾刀多次划出
凹槽

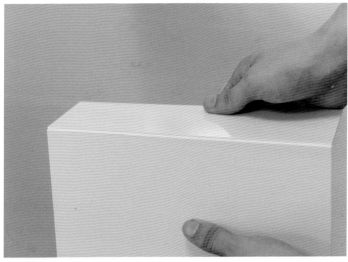

图5-35　顺着凹槽将其掰断

② 曲线裁切：曲线裁切相比直线裁切难度更高，制作者在裁切过程中要多加练习。对于较薄的板材可采用夹持式美工刀进行裁切，而对于较厚的板材则需要使用线锯对其进行切割。

对较薄的板材进行圆角曲线裁切时，可使用美工刀以切圆的方式通过多刀得到弧线，而对弧度较小的曲线进行裁切时，可使用美工刀直接裁切。值得注意的是：在使用美工刀裁切曲线时制作者需要双手配合，做到刀动料动，而非强行使用美工刀裁切弯角。在裁切曲线时由于美工刀刀片较薄，在转弯时美工刀因受力易产生形变导致切割面无法垂直于水平面，这时制作者需要尽力使美工刀刀片与切割面保持直角以获得更好的断面。

对于较厚的板材多使用线锯进行曲线裁切，在使用线锯裁切时需要注意线锯刃口与切割面保持垂直，并在裁切时留有一定余量用于后期打磨。值得注意的是：由于较厚的板材难以切割，制作者需要将线锯条旋紧，在裁切中常更换线锯条以获得更光滑的断面（图5-36～图5-39）。

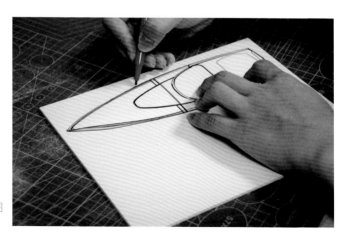

图5-36　顺着图纸画出曲线

图5-37　用间距规进行处理

图5-38　使用线锯进行曲线裁切

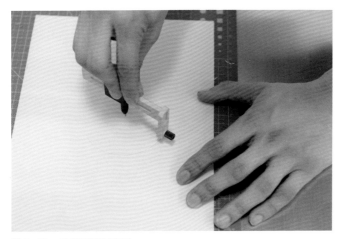

图5-39　使用圆规刀裁圆

（2）板材钻铣

　　当需要切割规则的圆形或槽形时，常使用钻铣工具对板材进行加工。首先根据设计图纸要求确定需要切割的圆形或槽形的尺寸，在此基础上安装所需要尺寸的钻头或铣刀。在钻铣时需要保证工作平面的平整并垫以软性木材于ABS塑料板材之下，保护钻头与工作平面。常见的钻头有电动钻头与手钻之分，在使用电动钻头时需注意旋紧固定钻头的螺栓，确保钻头的稳定。在使用钻头对ABS塑料板材进行打孔时需注意钻头的温度控制，避免由于钻头过热熔化ABS塑料板材产生拉丝和锯齿等问题。在接触ABS塑料板材时下压力不宜过强，以免使其因受力突然变化而产生裂纹（图5-40和图5-41）。

图5-40　电钻打孔

图5-41　手钻打孔

（3）管材与棒材裁切

管材与棒材的区别在于管材为空心材质，而棒材为实心材质。在进行此类材料裁切前需要使用台钳将其固定稳定，为防止台钳夹伤材料，可以在钳子与材料之间垫上一层软性材质进行保护，然后使用线锯对管材与棒材进行切割。除此之外，管材与棒材的切割方式与板材并无大异。

5.1.3.2　加热塑形

由于ABS塑料具有热塑性，因此我们在制作模型时可以通过加热ABS塑料进行复杂的塑形。在手工ABS塑料模型制作中通常采用模具压制成型。但由于手工制作工具与制作能力的限制，模型制作初学者往往只能接触到简单的加热塑形工艺。

（1）热风加热塑形

在对ABS塑料模型进行局部弯折时通常采用热风机对其进行加热。角形弯折是将ABS塑料板材固定后对需要弯折的面进行加热使其弯折的一种工艺，在弯折中通常会获得一个圆滑连贯的弯折面，而弯折角度多以90°角最为常见。以下简单介绍此种塑形工艺。

第一步，将需要弯折的ABS塑料板材固定在台钳上，并用笔画出需要弯折的部分。

第二步，调整ABS塑料板材的位置，确保需要弯折的位置靠近台钳钳口，并将参考线与台钳钳口对齐。

第三步，使用热风机对画线处进行加热，在加热过程中需要来回移动热风机，确保需要弯折处受热均匀。

第四步，待ABS塑料板材受热变软之后便可以弯曲塑形。在弯曲ABS塑料板材时需要均匀用力，通常可以用木板贴住ABS塑料板材的一个面，然后推压板材，使

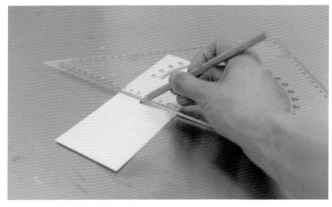

图5-42 标出需要弯折的部分

图5-43 使用热风机对准需要弯折的地方加热

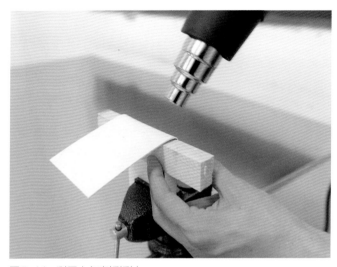

图5-44 利用木条弯折板材

加热部分弯曲。

第五步，在弯曲塑形之后，使用冷毛巾降温或自然降温，待冷却后方可从台钳上将其取出。

值得注意的是任何材料都有疲劳阈值，ABS塑料板材在弯折后产生形变处的强度必然会降低，因此在塑形过程中需要一次完成，切勿来回弯折（图5-42~图5-45）。

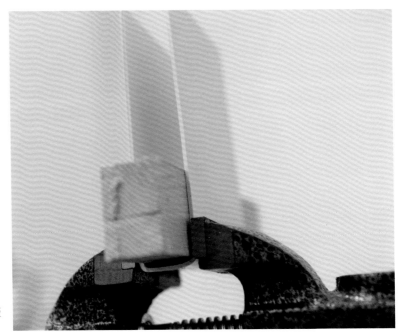

图 5-45　固定使板材定型

（2）模具塑形

在制作一个整体的 ABS 塑料异形面时通常采用模具进行塑形，模具塑形前期准备工作较多，重点在于模具制作。以下介绍一种最为常见且易于实现的模具塑形工艺，此类工艺需将 ABS 塑料加热，并依附模具形状进行简单塑形。

第一步，挑选符合设计要求曲度的模具。

第二步，将需要塑形的 ABS 塑料板材放置在 90℃的水中加热 2min 左右，使其软化。

第三步，将其拿出固定在模具之中，并继续放入热水中静止 2min 使其定型。

第四步，待定型之后将其取出冷却，并除去模具。

值得注意的是：由于 ABS 塑料板材厚度的不同，软化所需的时间也需要自我调整，一般而言当板材厚度低于 1mm 时，需要适当降低水温。

补充介绍

复杂的模具制作需要采用石膏或木材制作出符合曲面的阴阳模，然后将模具与 ABS 塑料板材夹在一起置入烤箱之中，对烤箱进行设置，使其内部温度恒定在 150~200℃。等待 ABS 塑料软化，将模具与板材取出。然后对模具施加压力，使模具与板材完全贴合。等待 ABS 塑料冷却固定后将模具取出。待脱模处理之后需要对材料表面进行打磨抛光，使其达到模型制作要求。

5.1.3.3　组装拼贴

当ABS塑料板材被裁切成各个部件之后便需要对其进行打磨修正，使其成型。待打磨完成之后需将模型各部件粘贴。ABS塑料模型的组装主要通过黏结剂进行固定，本书推荐使用ABS塑料模型专用胶水作为ABS塑料模型的黏结剂。

（1）打磨零件

对于较大的毛边需要使用锉刀或美工刀铲平，对于脱模产生的毛刺也可用专用的小钳子将其剪掉。对于修剪后的模型需要精细打磨，打磨的工具通常为砂纸与砂条，模型制作者需要用砂纸从低目数向高目数打磨，将模型的毛边磨平（图5-46~图5-48）。

图5-46　用什锦锉刀进行顺向打磨

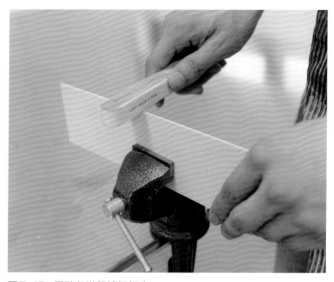

图5-47　用砂条进行精细打磨

图5-48　曲面打磨

（2）定位粘接处

当零部件修整完毕后，应定位需要粘贴的部分。为了使粘接更为牢固，在ABS塑料模型制作过程中通常需要对涂胶处进行磨毛，使表面粗糙（图5-49）。

（3）涂胶

磨毛之后使用刷子将胶水轻刷于ABS塑料板材表面，在粘贴时一定要双面涂胶，并保持均匀，然后将连接处对贴。对零部件位置进行微调，待其稳固后使用流动性更强的胶水对其缝隙进行滴涂，使胶水顺着缝隙流入连接处，通过此种粘贴方法制作的模型往往更为坚固（图5-50~图5-52）。

图5-49　将粘贴处磨毛

图5-50　在连接处涂胶

图5-51　使用溜缝胶水加固

图5-52　打磨溢出的胶水

（4）固定与精修

在粘接时，由于胶水无法立刻固定零件，因此为使零件以准确的位置或角度粘接，我们通常需要使用辅助工具帮助定型。例如使用小夹子夹住粘接处，使用不同高度的板架抬起零部件等。在难以使用辅助工具时，制作者需要徒手对零部件进行固定，一般需要等待1~2min即可固定贴合（图5-53）。在粘接后，胶水通常会对ABS塑料造成腐蚀或溢出的胶水会凝结成块，这时制作者还需要使用砂纸对粘接面进行打磨抛光，使粘接面平整。

图5-53　将不同部件连接

5.1.3.4　ABS塑料模型的表面处理

在喷漆前可以对模型不平整的表面铺一层原子灰或水补土，它们可以填补缺失面，也可以对无法造型的部分再进行处理。通过200~800目的砂纸逐步打磨使模型表面趋于平整，再使用1000~2000目的砂纸对模型表面进行抛光。使用高目数的砂纸对模型进行抛光之后，模型表面细小的坑洞与不完整的细节会随着打磨目数的提高而变得明显，使用高目数砂纸有利于模型制作者对模型的完整性与精细程度进行评估。

在确保表面平整度达到制作要求之后，需要对模型进行喷漆与涂饰。喷涂时需要制作者明确想表达的材料特征、颜色特征，再根据设计图纸选择对应的喷漆涂料与装饰笔。以下介绍一种常见于ABS塑料模型制作的喷涂工艺。

（1）喷涂颜料之前的准备工作

喷涂颜料之前需要使用酒精或洗涤剂擦拭模型表面的油脂与灰尘，并用清水冲洗干净，等晾干之后制作者需要仔细检查模型表面是否有颗粒物附着。这里推荐使用手电筒从模型侧面照射打光，制作者目光与光线成90°角，与检查平面平行，寻找平面上凹凸不平的阴影。

（2）喷涂底色

　　待确认模型表面无尘之后，通常需要对模型喷涂底色，将底色统一。第一遍喷涂一般选择白色涂料或者选择浅色水补土，白色涂料附着下的模型表面能进一步暴露出模型的细节问题，如有不平整的地方，则需要使用原子灰或水补土继续填补并打磨平整。而直接使用水补土喷涂则可填补一部分不平整的部分，也可以增强油漆的附着能力，提升喷漆质量。在喷涂过程中需调试喷嘴出漆量，并在报纸或废弃的材料上试喷。确认喷笔调试完毕后，在距离模型30cm左右处扫掠，均匀喷涂于模型之上（图5-54和图5-55）。

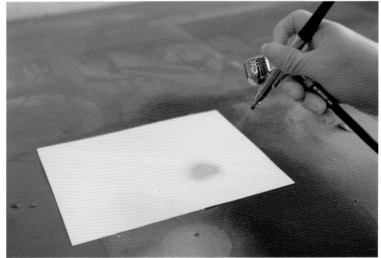

图5-54　在白色底面试喷调试

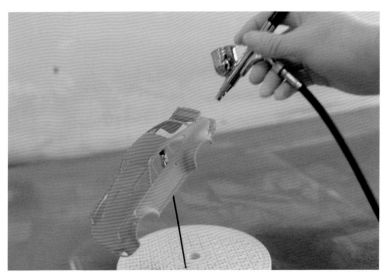

图5-55　喷涂水补土

（3）分层喷涂

　　由于产品模型经常需要使用不同颜色的涂装以区分模块材质与颜色，因此在喷涂时需要经过多次喷涂。在喷涂过程中首先要喷涂的是面积最大的基础色，在喷涂基础色之后需要使用美纹纸遮盖不需要再喷涂的部分，然后对模型进行喷涂，对于不同颜色的部件要遵循先喷涂再组装的原则。对于不规则的色块需要调整喷口出漆量与喷射距离。喷涂小面积色块时需要少量多次叠加喷涂。对于渐变色彩要注意控制喷涂的时长，采取一层一层覆盖的方式喷涂（图5-56~图5-58）。

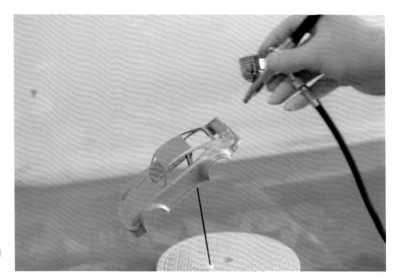

图5-56　使用喷枪均匀喷涂

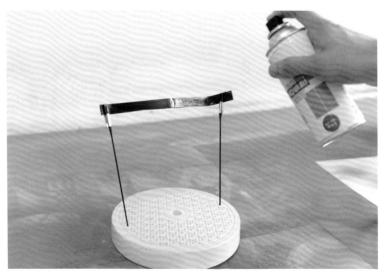

图5-57　使用自喷漆喷涂

图5-58　完成喷涂（在无尘的环境中静置，等待油漆干透）

在进行分层喷涂时的注意事项：

① 使用低黏度的美纹纸进行遮盖，在喷漆完全干透之后才能揭开美纹纸；

② 分层喷涂时需要等待前一次喷漆完全干透之后才能进行下一次喷涂；

③ 等待喷漆干透的最好方式是自然风干；

④ 每次喷涂前都需要在废弃的板材或纸张上进行试验；

⑤ 喷涂时需要在通风处，使用口罩与手套辅助操作；

⑥ 在喷涂时需注意喷壶中的漆量，避免由于漆量不足造成的喷涂不均。

（4）细节装饰

在完成喷涂后需要对模型进行细节装饰与描绘，如需要进行图形与纹样装饰时，通常使用转印纸贴于模型表面，待将线条转印后进行描绘。若有条件则可使用丝网印花进行喷涂。对于需要点缀的细小部件，如车灯或光学元件，则需要使用特殊的油漆进行点涂与描绘。在所有修饰完成后可根据需要喷涂保护漆，保护漆能有效避免喷漆褪色或浅色喷漆氧化，并且有利于模型的清理与洁净。

5.1.4　ABS塑料模型赏析❶

作品欣赏如图5-59所示。

图5-59

---

❶ 本小节中的模型作品均为西华大学产品设计专业学生作品。

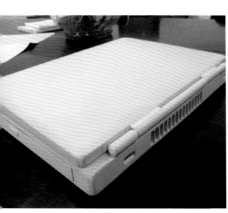

图 5-59

图5-59　作品赏析

5.2　汽车油泥模型制作

5.2.1　认识汽车造型设计

　　汽车设计不是一蹴而就的，它有着一套自己程序化、标准化的设计体系，是一个循序渐进的过程。在此过程中，油泥模型的制作是汽车外观造型设计中必不可少的重要环节，它用于验证设计师在前期提出的设计想法，并在模型制作中不断推敲与修正模型以完善设计构想。

　　如今数字化设计越来越成熟，我们为什么还会选择使用油泥制作实物模型呢？或许可以从汽车造型设计流程中找到答案。不同的汽车企业会有自己独特的开发流程，但大致流程是基本相近的：以数字化为导向的正向开发流程和以油泥模型为导向的逆向开发流程。简单的正向开发流程可概述为：设计前期准备工作→确定设计理念→绘制图纸→构建三维模型→制作实物模型→试生产→量产。区别于大多数产品设计采用的传统正向开发流程，逆向开发流程一般适用于缺少图纸文件或目标产品外形较为复杂的情况，它将实物或实体模型数字化从而得到图纸，流程可概括为：实物或实体模型→三维坐标采集→造型数据数字化→仿形或创新→试生产→量产（图5-60）。

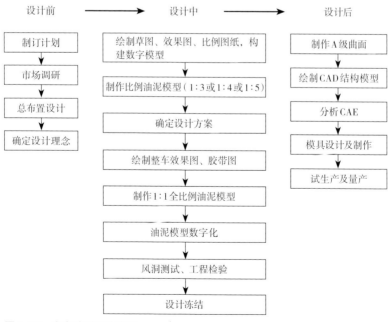

图5-60　汽车造型设计流程

有学者认为：汽车造型设计应为正向工程，逆向工程不能称为全新的设计，只能称作"仿"。由于我国汽车工业起步较晚，基础薄弱，自主创新设计能力较弱，优秀的本土汽车造型设计公司寥寥可数。为了降低技术难度、简化设计流程、缩短开发周期、节约开发成本，我国汽车造型设计往往会采用逆向开发方式，且往往将设计简化为在样车基础上的拼凑和修改。此类操作流程在某种程度上会贻误汽车造型设计自主研发和创新能力，若想在国际汽车市场中立足，自主设计才是必由之路。

但无论哪种开发流程，油泥模型均起着举足轻重的作用，因为数字模型还无法完全模拟不同环境条件下汽车的视觉效果，如各条棱线的走势、曲面的高光带及其复杂的光影关系和真实的体量感。在实际操作中，它既可用于造型的推敲、方案的评审，也可用于空气动力学的测试。因此，在短期内，数字模型还无法彻底代替油泥模型在汽车设计开发中的地位。

5.2.2 认识材料设备与工具

在汽车油泥模型制作中，我们将油泥比喻成人体的皮肤，那么坯胎为肌肉，支架则为骨骼，下面我们一起来认识一下制作它们的过程中需用到的材料与工具设备。

（1）支架搭建的材料与工具设备

支架在油泥模型制作中起着支撑作用，尤其是大型模型中更少不了支架，部分需要挪动的大型模型，支架底部会装有滑轮以方便挪动。支架通常使用木头材质或金属材质，木头材质的强度弱于金属材质，但成本较低、易加工，因此可用于中小型模型支架的制作。

中小型模型制作中，一般在选用聚氯乙烯泡沫和聚苯乙烯泡沫作为坯胎时，需制作支架，因为此类泡沫较为松软且密度较小，难以支撑起整体模型；若用聚氨酯泡沫作为模型坯胎，则可不用制作支架，只需在泡沫坯胎底部安装托板即可，可选用胶合板、细木工板或木方条等。

金属支架主要用于大型模型支架的搭建，如汽车等比模型的支架，多为角钢焊接而成，且表面覆有金属网或木板以填补空隙，此类支架加工难度较大，一般由专业焊工完成。无论木头支架还是金属支架的搭建都需注意结构部件的连接和固定，木头支架用钉子加固，金属支架可用螺栓固定，此步为后续所有工序的基础，不可掉以轻心。最后就是工作平台的选择，可选用专用工作平台，也可自己制作，但需注意平台一定为水平面，否则模型将难以制作对称和精准。

支架搭建过程中可能会使用到的材料如下。
① 主要材料：胶合板、木工板、木方条、角钢等。

② 五金材料：钉子、螺栓、螺母等。

③ 黏合材料：聚醋酸乙烯酯胶（俗称白涂胶）、环氧树脂胶、聚氨酯胶等。

支架搭建过程中可能会使用到的工具和设备如下。

① 测量工具：卷尺、直尺、量角尺等。

② 切割工具：美工刀、木框锯、木锯、曲线锯、电锯、切割机等。

③ 装配工具：螺丝刀、钢丝钳、扳手等。

④ 连接工具：电焊机、电焊钳等。

⑤ 防护用具：防护面罩、电焊服、防护手套、护目镜、绝缘胶鞋等。

（2）坯胎塑形的材料与工具

油泥模型的坯胎也称作内坯、胎基或初坯，坯胎材料的选用也颇有讲究，除常用的泡沫材质外，也有直接使用金属网或木板覆盖在支架上作为坯胎的，但此做法技术难度较大，需专业人士进行，本书主要以泡沫坯胎为例进行讲解。泡沫坯胎一般选用聚苯乙烯（PS）泡沫塑料和聚氨基甲酸酯（PU）泡沫塑料，关于泡沫塑料性能的详细介绍可参考本书第4章"4.5　泡沫塑料材料"，推荐使用聚氨基甲酸酯泡沫塑料，读者可根据实际情况选用合适的泡沫塑料。

泡沫塑料主要有板材和块材两种，塑形时均会涉及切割与连接。切割分为冷切割和热切割两种，冷切割即用刀或锯进行机械切割，其实质是被加工的泡沫塑料受剪刀挤压而发生剪切变形并剪裂分离的工艺过程。泡沫塑料具有受热熔化的特性，将电热丝加温到泡沫塑料的熔点，再竖直或水平通过泡沫塑料从而达到切割目的，其工艺实质是集中热能使泡沫塑料熔化并分离。泡沫塑料模型常用连接方式为胶连接和销连接（图5-61）。胶连接即使用胶水对泡沫塑料进行粘接，

图5-61　销连接

图5-62　工业吸尘器

较为简便。销连接一般指选用木棒或金属棒将两块泡沫塑料通过插销的方式连接起来，该方法连接较为稳固，连接好后不易晃动。

坯胎塑形过程中可能会使用到的材料如下。

① 主要材料：聚氯乙烯泡沫塑料、聚苯乙烯泡沫塑料、聚氨基甲酸酯泡沫塑料等。

② 连接材料：小木棒、聚醋酸乙烯酯胶、腻子胶、专用泡沫胶等。

坯胎塑形过程中可能会使用到的工具和设备如下。

① 测量工具：卷尺、直尺、量角尺等。

② 切割工具：美工刀、木锯、泡沫塑料切割机等。

③ 打磨工具：扁锉、半圆锉、三角锉、方锉、什锦锉、砂纸等。

④ 清洁工具：工业吸尘器等（图5-62）。

（3）油泥填刮的材料与工具

泡沫塑料坯胎塑形好后，将油泥敷于坯胎表面，填敷油泥的质量将直接影响整个模型的好坏，此过程较为复杂，会用到较多的工具与设备。我们知道，油泥在常温下偏硬，加热到一定温度后会变软，不同类型或品牌的油泥其软化温度不同，但大多在50~60℃之间。因此，敷油泥的第一步就是将油泥烘烤软化，这个过程需借助加热工具，大多数情况下我们会用到工业油泥烤箱（图5-63），还有一种小型恒温加热器适用于如手办模型这类微型油泥模型的制作。

新购入的油泥多呈圆柱状，体积越大的油泥块需加热的时间越长，在使用时可根据需求切割。多余的油泥能重复利用，可直接放入油泥回收机进行回收，也可以重新放入烤箱加温软化，注意油泥重新加热的次数不可过多，否则其性能会降低，一般3次左右为宜。当油泥软化后用手厚敷在坯胎表面时，即可开始进行刮油泥，刮油泥时会用到各种型号的油泥刮刀、刮片与其他辅助工具，以下进行详细介绍（图5-64）。

图5-63　工业油泥烤箱

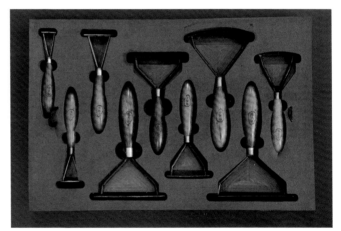

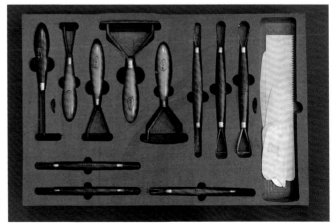

图5-64　油泥刮刀与刮片

① 刮刀：刮刀最主要的作用是将油泥表面刮平整，根据刀刃数量分为单刃与双刃两种，其刀刃有带锯齿的和不带锯齿的（图5-65）。带锯齿的刀刃主要用于油泥粗刮时将油泥表面快速刮平，不带锯齿的刀刃用于将油泥刮光滑，一般先用带锯齿的刀刃刮平后再使用不带锯齿的刀刃刮光滑。

图5-65　带锯齿与不带锯齿的刮刀

根据刀片形状也可将刮刀分为直角刮刀、弧形刮刀、三角形刮刀、丝形刮刀、R形刮刀、蛋形刮刀等（图5-66）。刮刀形状可根据目标油泥表面形状进行选择，一般刮平面选用直角刮刀；刮弧面选用弧形刮刀；三角形刮刀可用于较小面的刮削，其尖头也可用于油泥表面的勾线；丝形刮刀，其刀片细，有单头凸面和双头凸面之分，主要用作油泥精刮时细节的刻画；R形刮刀使用频率较低，一般用于修整大型内弧；蛋形刮刀可旋转选择合适角度进行不同弧面的刮削。

（a）直角

（b）弧形

（c）三角形

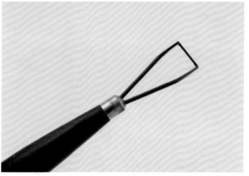

（d）丝形

图5-66　不同刀片形状

② 刮片（图5-67）：钢制刮片的作用与刮刀类似，主要用于油泥模型精修时的表面刮平与刮光滑。刮刀和刮片的形态有多种，规格也多样，可根据需求选择合适规格，遵循大面用大刀，小面用小刀原则即可。

③ 其他精雕工具（图5-68）：此类工具适用于模型的细节刻画与小型模型的刮制，包括修整刀、勾缝刀、钻孔刀、针推等。

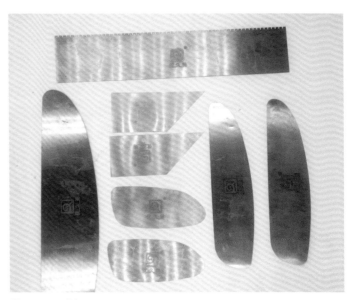

图5-67　刮片

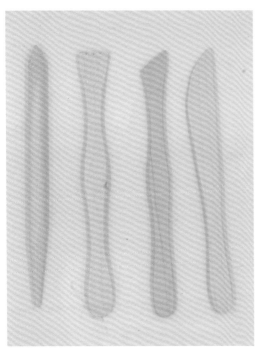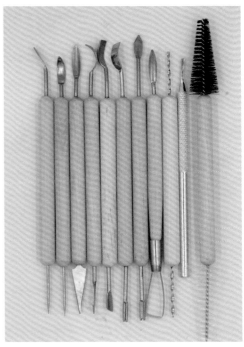

图5-68　其他精雕工具

5.2.3 汽车油泥模型制作流程与方法

汽车油泥模型制作流程可简单概括为：图纸的绘制与打印→卡板与样板的制作→底板的制作→坯胎的制作→油泥的涂敷→油泥的粗刮→油泥的精刮→油泥模型的后期处理。

5.2.3.1 图纸的绘制与打印

制作前必须确定模型与实物的比例，常见比例模型有：1:1全尺模型、1:5缩尺模型等。过大的模型制作较为困难，耗时较长，细节要求较高；过小的模型精度不够，表现力较弱，1:10是较为理想的初学者入门比例。

汽车油泥模型制作需要准备汽车四视图图纸和效果图作为制作中的参考，可用CAD软件绘制四视图（正视图、侧视图、顶视图、后视图）图纸（图5-69），也可在互联网上下载已有图纸进行打印制作。可用网格线作为图纸背景，以表现尺寸、辅助观察。三维空间中，用 X 轴方向表示汽车的宽度方向，用 Y 轴方向表示汽车的长度方向，用 Z 轴方向表示汽车的高度方向。在图纸绘制中也应标明汽车空间走向，基准点标"0"，并用"+"和"−"表明左右、上下走向。图纸绘制好后，打印两份，一份用于制作卡板，一份挂在墙上用于观察和校对。注意：打印的图纸大小即为最终模型大小，切不可缩放打印。

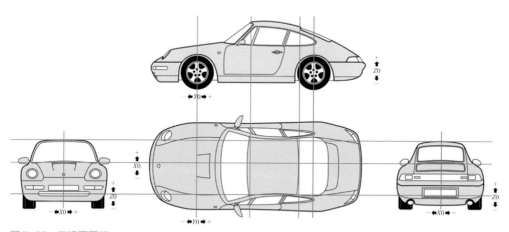

图5-69 四视图图纸

效果图是前期汽车设计想法的表现，也是模型制作时的重要参考，给模型制作者提供了造型、色彩、结构上的指导，有助于制作者把握整体制作方向（图5-70）。绘制效果图时，无论是手绘还是计算机绘制，都需注意表达的准确性，充分考虑其视角可视度，建议使用3/4视图、正视图、侧视图、顶视图和后视图。

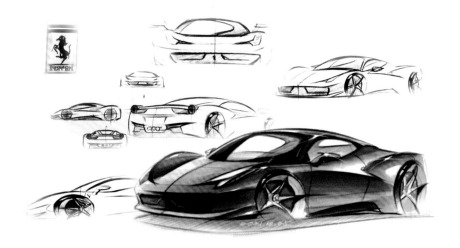

图 5-70 汽车效果图

5.2.3.2 卡板与样板的制作

图纸打印好后即可开始制作卡板，主要用于检查内切削是否达标，帮助制作者判断油泥填刮的准确性。卡板制作简单，只需将打印出的三视图纸贴于较硬的薄板上，按汽车截面轮廓裁剪下，保留外部框架即可，常用的卡板材料有：KT板、薄木板、硬纸板等。基础卡板有：汽车侧视图外轮廓卡板（$X0$ 断面卡板）、汽车正视图外轮廓卡板（$Y0$ 断面模板）和汽车底视图卡板等，其余卡板可根据设计需求制作。制作侧视图卡板时汽车尾部与头部先不刻画，可单独再做两个卡板（图5-71）。

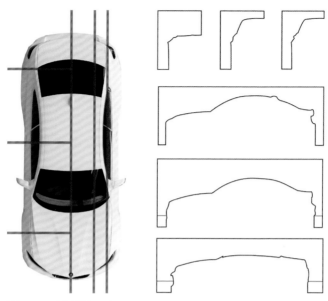

图 5-71　卡板截取示意

　　除了卡板外，样板也是保证模型准确性的重要辅助工具，样板可根据数据尺寸制作，也可根据图纸制作。常见的有前后轮口样板、玻璃窗样板、门缝样板等。注意：卡板与样板裁剪下后应将断面打磨光滑，防止刮花模型，并在做好后的卡板与样板上写清卡板类型名称，方便使用（图 5-72）。

图 5-72　制作样板

5.2.3.3　底板的制作

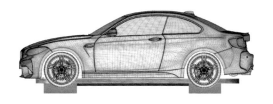

　　底板起到托举模型和抬高模型的作用，以顶视图图纸为参考，用木板锯出略小于顶视图轮廓的长方形木板，注意木板宽度应小于左右轮之间的距离，以保证车轮悬于底板外。再在长方形木板背部钉上"工"字架或"二"字架抬高车身，底板正面到工作台面的高度等于或稍大于汽车底盘离工作台面的高度，以达到让车轮贴于地面或稍高于工作台面的目的（图5-73~图5-75）。

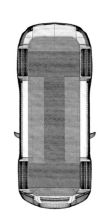

图5-73　底板位置示意

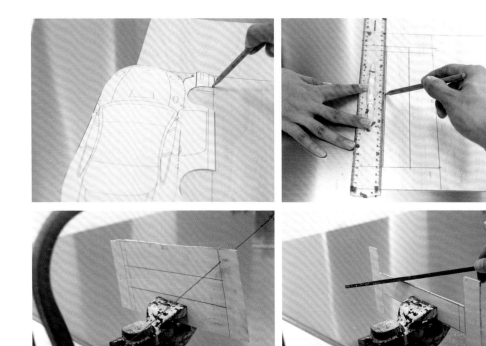

图5-74　底板制作

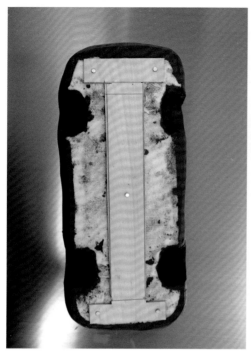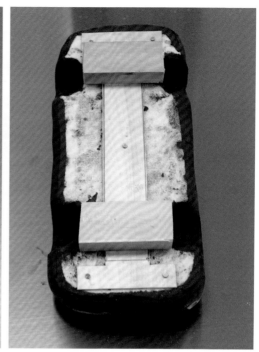

图5-75　底板

5.2.3.4　坯胎的制作

　　常见的坯胎材料有木材与泡沫塑料。木质坯胎，对于学生来说制作难度较大，需较长时间才能掌握，泡沫塑料是最理想的坯胎材料，但成本较高。使用泡沫塑料进行模型内坯制作时有加法成型、减法成型和混合成型三种加工方式，这也是立体造型常见的三种塑形方式。加法成型顾名思义是通过增加材料来扩充模型体积，一般按由内向外、从下到上的顺序，堆叠组合成新造型。减法成型与加法成型相反，该方法通过减少材料来减少模型体积，一般按由外向内、从上到下的顺序，切割剔除多余材料构成新造型。模型制作是一个复杂的三维造型的过程，大多都会混合采用加法成型和减法成型两种塑形方式，混合成型少不了对模型材料的切割和连接。

　　以下选择聚氨酯泡沫塑料进行模型坯胎的制作，将预制的三视图与泡沫塑料进行比对，选择合适的泡沫塑料尺寸。若泡沫塑料尺寸偏小，则需将多块泡沫塑料进行拼接，可先将多块泡沫塑料切割成与汽车各部分大致相同的大小后，使用专用胶水黏合或木棍连接（图5-76），连接后再进行更进一步的造型打磨。若泡沫塑料尺寸偏大，则可直接切割打磨。下料前使用记号笔或铅笔将汽车三视图描在泡沫塑料上（图5-77），再进行切割下料，注意切割应留有一定余量，以便打磨造型（图5-78）。

（a）胶水黏合

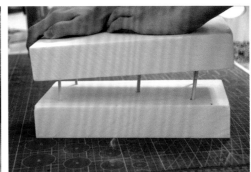
（b）木棍连接

图5-76　泡沫塑料拼接

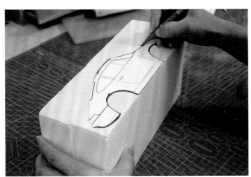
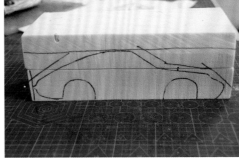

图5-77　下料前标记

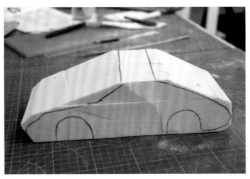

图5-78　切割下料

　　接下来使用锉刀进行打磨，可先选用大规格锉刀进行整体形态的把控，再使用小锉刀进行细节的修整（图5-79）。砂纸也是可供选择的不错工具，一般选用较粗的砂纸，较粗的砂纸可快速打磨出形态。注意在打磨过程中一定要不时地与图纸或卡板进行比对，从多个角度观察造型是否准确，在比对中不断调整，直至打磨出初形。

模型的坯胎应略小于图纸尺寸，给油泥留出填敷空间，具体空余量可根据模型尺寸决定。

图5-79　坯胎打磨

若泡沫塑料坯胎表面较为光滑，油泥难以附着，可在坯胎表面钻孔（图5-80），加大坯胎表面摩擦力，增强油泥附着力。

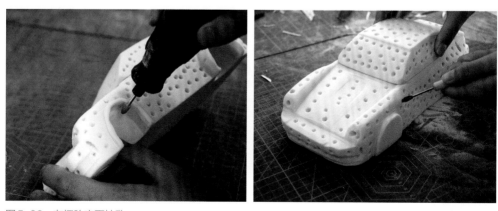

图5-80　在坯胎表面钻孔

5.2.3.5　油泥的涂敷

在涂敷油泥前务必把工作台面打扫干净，防止粘上泡沫塑料粉尘。由于油泥冷硬热软的特性，常温下较为坚硬，因此需借助烘烤设备进行加温软化（图5-81）。专业油泥烘箱可预设加热温度与时间，且内置鼓风机，使油泥受热均匀。多数工业油泥加热温度为50 ~70℃，加热时间为1~2h，不同品牌的油泥会有些许区别。温度过高会导致油泥液化，熔融状态下的油泥会黏附于皮肤上，容易造成烫伤，因此加热温度设置基本不要超过70℃（图5-82）。若想快速软化油泥，可将油泥切成小块（图5-83），缩小体积，增大受热面积，或适当提高加热温度。使用此类大中型设备前务必仔细阅读操作守则，以防发生安全事故。

加热好的油泥软硬适中、附着力较强、易于推抹且不粘手。油泥在常温下容易硬化，遵循少量多次的取用原则。填敷时取适量的油泥握于左手，一定

图5-81　烤油泥

图5-82　烤箱温度设置

图5-83　切割油泥

程度上可起到保温作用，也方便用右手进行填敷。第一层的涂敷通常选用较软的、附着力较强的油泥，要求紧紧地附着贴合在整个坯胎表面。

涂敷油泥的手法是关键，手法可归纳为"推"和"刮"，"推"是指使用拇指指腹（图5-84）或手掌根部（图5-85）将油泥由近到远

图5-84　涂敷油泥手法：拇指指腹推

地敷在模型上。在敷较大的平面时用手掌根部推敷，对于较小的平面用拇指指腹推敷。"刮"是指用食指第二指节进行由远及近刮敷的动作（图5-86），一般在涂敷油泥时，使用"推"的动作将油泥紧紧贴在模型上，使用"刮"的动作将油泥收回抚平。

图5-85　涂敷油泥手法：手掌根部推

图5-86　涂敷油泥手法：食指刮

需要注意的是，涂敷油泥时一定要一层一层地涂，每一层、每个部位涂敷的厚度都要均匀，切忌在同一地方厚敷后再进行另一个地方的涂敷。若有空隙，可用少量油泥进行填补（图5-87）。涂敷应由前到后或由左向右，按序涂敷，方便记忆涂敷层数。卡板可用于检测油泥涂敷的完成情况，因为油泥涂敷后还要进行刮削，因此，油泥涂敷完应稍大于卡板5~10mm。

5.2.3.6　油泥的粗刮

油泥涂敷完成（图5-88），恢复到常温后即可开始粗刮。粗刮的目的在于刮出模型的大致形态，这个阶段应注意模型的比例与走势，不必过于在意细节和面的光顺度。粗刮时一定要对产品形态有精准的把控（图5-89），多次反复对照图纸进行刮削，刮出大致形态后可使用取型尺、三坐标测量仪、高度标、水平仪等工具标注采样点，用胶带连接采样点制成特征线。特征线用于辅助观察产品形态，特征线越多，模型形态越明晰，刮削越精确。汽车为轴对称形态，制作模型时需找出中轴线，对于稍大的模型，可先刮制一半后再复制对称的另一半；对于较小的模型，可直接进行整体刮制。

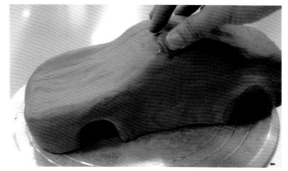

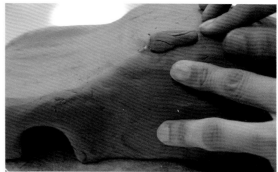

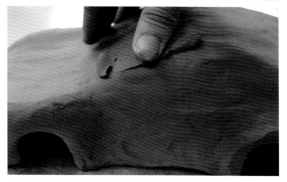

图5-87　填补空隙

图5-88　油泥涂敷完成

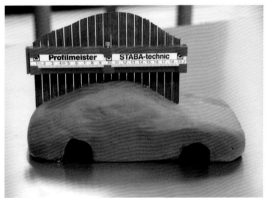
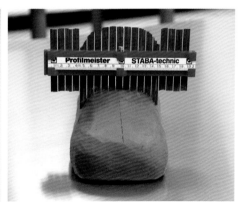

图5-89 取型

　　刮削时也应遵循先大面再小面、先整体再细节的原则，刮刀和刮片的选择也一样，大面用大刮刀，小面用小刮刀；平面用直形刮刀，弧面用弧形刮刀。刮削时先用带锯齿的刮刀进行整体的、快速的刮制，再使用不带锯齿的刮刀进行表面的平滑处理（图5-90）。

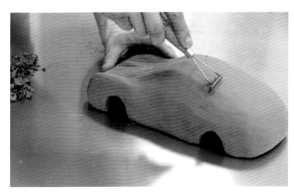

图5-90 刮削

　　刮削时除了时刻审视形态的准确性外，还应感受模型表面的平整度。使用刮刀时应用力均匀适度，且交叉角度刮削，不能一直沿着同一方向刮削。刮刀的齿印是检验平整度的方法之一，带锯齿刮刀刮出的平整的面，齿印表现为平行且连续的划痕；不带锯齿刮刀刮出的平整的面，颜色均匀，若面不平整，则会出现已刮的地方颜色较深，未刮的地方颜色较浅的情况。另一种方法，可用胶带平行贴于油泥表面，若胶带平行且顺直，则该表面平顺。

5.2.3.7　油泥的精刮

　　精刮是在粗刮基础上进一步的形态塑造方式，对模型制作者的观察力和形态把握力要求更高，会用到更多的工具，但油泥涂抹手法和刮削工具使用方法与粗刮基本一致。此步的刮削力求造型细致准确、曲面衔接平滑顺畅、油泥表面平整光滑。此时，前期准备的卡板与样板将会起到重要作用，这些根据特征线做成的模板会让油泥形态塑造与细节雕刻的精准度提升。如在制作车侧窗玻璃、前后风窗玻璃和格栅等部位时，将样板严格按坐标位置摆放后可直接勾刻出其轮廓，以便刮削修整（图5-91）。卡板可用于验证模型造型的准确性，检验是否刮到位（图5-92）。精刮时使用卡板与样板，应反复比对刮削，直至模型轮廓与样板完全吻合为止。

　　胶带亦是一大利器，毕竟肉眼能力有限，仅靠目视难以把控对称关系和复杂的曲面，胶带可作为辅助观察的结构线和切削的基准线（图5-93）。尤其推荐使用纸胶带，它以皱纹纸作为材料，具有易撕不粘胶、附着力强、柔韧性和延伸性好的特点，可贴于光滑油

图5-91　样板的使用

泥表面使用。使用时可根据需求选择不同宽度和颜色的胶带，辅助制作者完成模型中的拉线假设及形态凸显。黑色胶带较为常用，除了用于油泥表面外，也可用于制作胶带图。注意在拉曲率较大的弧线时，应选择较窄的胶带，若胶带过宽则容易皱，影响使用效果。

中小型汽车油泥模型在车体初步对称后，可按照以下顺序进行制作：

① 侧围制作；

② 侧围侧窗制作；

③ 头部制作；

④ 尾部制作；

⑤ 车顶制作；

⑥ 发动机舱盖制作；

⑦ 后备厢制作；

⑧ 前后保险杠制作；

⑨ 轮口及轮罩制作；

⑩ 整体精修与细节制作。

在整个过程中需不断进行观察与调整，保证其对称。

图5-92 卡板的使用

图5-93 胶带的使用

5.2.3.8 油泥模型的后期处理

汽车油泥模型制作完成后，可进行零配件的装配（图5-94和图5-95）。表面装饰处理可作为选择项，根据需求选择是否进一步完善模型，常见的装饰处理方法有：喷涂装饰、贴膜装饰和玻璃钢翻制等。后两种方法处理难度较大，一般由专业人士进行，初学者可选择喷涂装饰。

图5-94　安装车轮

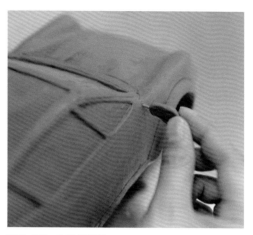

图5-95　安装后视镜

（1）喷涂装饰

油泥表面不能直接喷涂油漆，如要进行喷涂需在油泥表面喷涂腻子或刮上腻子膏，待腻子干透后用砂纸打磨光滑，再喷涂油漆。由于喷涂油漆需在腻子层上进行，利用腻子膏可对油泥表面小瑕疵进行填补，因此对油泥表面的光滑度要求稍低于贴膜装饰，新手也可以快速上手。初学者可使用自喷漆进行喷色，自喷漆效果不如专业汽车油漆，若欲效果更佳，也可去专业汽车维修店或喷漆店完成该步骤（图5-96）。

图5-96　喷涂装饰

（2）贴膜装饰

油泥薄膜是一种聚酯薄膜，延展性较强，具有一定的金属质感，有多种色彩可供选择，主要用于高仿真模拟车漆效果。也可临时贴于车身，通过反光检验曲面光顺度和检查高光。使用前先将汽车油泥模型表面喷洒上水雾，擦去多余水分，再将薄膜置于水里浸湿，撕下反面层后将薄膜直接贴于油泥表面，用橡胶刮片刮平，擦去水分即可。贴膜装饰难度较大，对模型曲面质量要求很高，其表面不能出现任何瑕疵，否则贴膜效果不佳。

（3）玻璃钢翻制

玻璃钢翻制也是汽车模型常见的制作方法，翻制的玻璃钢模型数量不受限制，效果逼真，且易于保存和运输，是理想的模型后期处理方法。进行玻璃钢翻制时，首先要在油泥模型表面翻制石膏模具，再在石膏模具内部涂上玻璃钢原料及铺上纤维布，打碎石膏模具后才能得到玻璃钢模，最后进行打磨、喷色。制作时应进行光滑处理，并充分考虑分模线和脱模等，工序较为复杂，需请教专业人士。

5.3　快速成型技术下的模型制作

5.3.1　认识快速成型技术

传统的成型技术是减材制造技术，又称材料去除技术（如车、钳、铣、刨、磨等加工技术），是指将多余的材料从基本体上做减法分离从而得到预期模型形状的加工方法，在传统制造业中该方法适用范围最广。与此相反，快速成型技术（Rapid Prototyping，PR）是增材制造技术，又称自由成型技术，该技术是指基于计算机控制，利用离散-堆积技术原理将材料通过特定工艺方法堆积出预期模型形状的一种加法成型方法。快速成型技术基于计算机三维数字化模型，理论上只要有三维数字模型（图5-97），任意复杂的实物模型造型都可以实现。正是这种自由成型性，使其可以精准且快速地将设计思想转化为三维模型，若与其他传统加工技术结合，可大大缩短产品开发周期，减少产品开发成本。

快速成型技术产生于20世纪80年代，经历40余年的发展，早已不再高不可攀，小型的入门级桌面快速成型设备不过几千元（图5-98），多数高校和相关公司也会配备此类设备。快速成型技术设备在产品设计制造领域的普及，改变了传统的产品设计技术手段、程序与方法。最常见的就是利用快速成型技术制作产品原型，这一步制作的模型，称为概念模型或概念验证（Proof of Concept，POC）原型，用来检验设计创意是否合理，确认设计细节是否到位，试验功能是否实现。

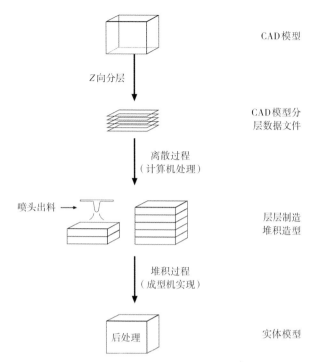

CAD 模型

Z 向分层

CAD 模型分
层数据文件

离散过程
（计算机处理）

喷头出料

层层制造
堆积造型

堆积过程
（成型机实现）

后处理

实体模型

图5-97　快速成型技术原理

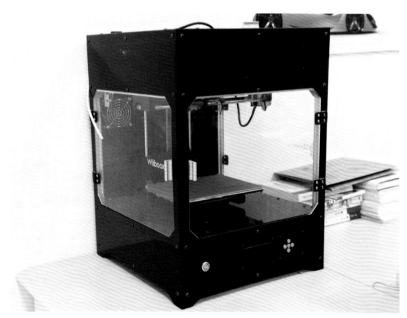

图5-98　小型桌面3D打印机

快速成型技术具有传统加工制作技术所不具备的快速和精确性，可以较为直观地传递产品的三维信息，从而从各个维度对产品进行把控，保证产品的完整与客观。因此，快速成型技术已成为现代产品设计流程中的一项重要技术。它不仅在工业产品设计和工业制造领域得到了广泛应用，而且在医学、航空航天、军事、建筑、考古等领域也逐渐崭露头角。

快速成型技术的特点如下。

（1）自由成型性

快速成型技术系统由计算机辅助设计软件（Computer Aided Design，CAD）模型直接驱动，只要建立合理的三维CAD模型，便可以根据模型形状进行直接制造，不受制造工具、场地的限制，尤其适用于复杂型产品腔体和复杂型产品曲面的制造，理论上可以实现任意复杂造型。

（2）快速性

在有CAD三维模型的基础上，一个小型零件只需几分钟即可制造出，其制造时间与打印材料、模型尺寸及刮刀运动速度相关，一台普通设备打印速度为5~300mm/s。在产品开发阶段，这个快速加工的特点，无论是继续修改还是投入生产，都使得设计人员可以通过制造产品原型模型对所设计产品做出快速反应，从而缩短了新产品开发周期，降低了开发成本。

（3）选材广泛性

快速成型技术下可选择的成型材料范围十分广泛，无论是金属材质还是非金属材质，均可作为原材料进行制造。常见的有：聚苯乙烯（PS）、聚酰胺纤维（PA）、聚乳酸（PLA）、聚碳酸酯（PC）、橡胶、覆膜砂、陶瓷、蜡、合金和其他聚合材料等。

（4）一体性与集成性

快速成型技术是现代设计和制造发展下的产物，具有鲜明的时代特征，汇聚了机械工程、CAD、逆向工程技术、分层制造技术、数控技术、材料科学、激光技术等先进技术于一体，从而实现设计制造一体化。其整个制造过程可以突破传统，做到高度数字化与自动化，当操作人员输入指令后，无须操作或值守，设备自动运行，极大提高了产品开发与制造效率，缩减了人工成本。

5.3.2 五种典型的快速成型技术

快速成型技术自20世纪80年代产生至今，已发展出30余种不同的加工方法，并且还在发展中，新的加工方式不断出现。若按快速成型技术使用的能源进行分类，可以将其分为激光和非激光加工两大类。基于激光的加工方式一般有光固化成型、分层实体制造、选域激光粉末烧结、形状沉积成型等；基于非激光的加工方式一般为喷射式成型、熔融沉积成型、喷墨三维打印成型等。

若按快速成型技术加工制造所使用的材料的状态进行分类，可分为四类：液态材料类、固态粉末状材料类、丝状或线状材料类、片状或膜状材料类（图5-99）。不同的材料状态可对应不同的成型技术，根据其材料的状态及加工原理总结出五种常见的快速成型技术，即液态光敏树脂选择性固化（Stereo Lithography Apparatus，SLA）、粉末材料选择性激光烧结（Selected Laser Sintering，SLS）、丝状材料选择性熔融堆积（Fused Deposition Modeling，FDM）、薄型材料选择性分层实体成型（Laminated Object Manufacturing，LOM）和喷墨三维打印成型（Three Dimensions Printing，3DP）。

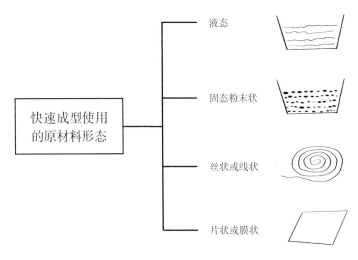

图5-99　原材料形态

（1）液态光敏树脂选择性固化（SLA）

该技术以液态光敏树脂作为原材料，利用光敏树脂液体遇激光产生光聚合反应会固化为基础原理，在计算机的控制下，激光束对光敏树脂液体进行逐点扫描，而后液体固化成树脂薄层，固化好后再涂敷上另一层光敏树脂原材料，继续进行下一层液体的固化，如此反复，直至形成预期形态。SLA技术具有加工精度高、表面质量好等特点，是目前运用非常广泛的技术。

（2）粉末材料选择性激光烧结（SLS）

该技术以固体粉末作为原材料，无论是塑料粉，还是陶瓷粉、蜡粉，甚至是金属粉，均可适用。其技术原理是利用激光将原料粉末烧结在一起形成固体薄片，即烧结层，烧结层经过层层叠积，获得预期形状，去掉多余粉末即可。该工艺可供选择的原材料非常广泛，且无须添加结构支持。

（3）丝状材料选择性熔融堆积（FDM）

该技术以热塑性丝状材料为原料，一般有 ABS 塑料、PC 塑料、尼龙材料等，这些丝状材料在设备喷头内被加热熔化，喷头沿着计算机预制路径移动并挤出熔融原料，经过凝固堆积，最终形成预期形状。该技术是由 SLA 和 LOM 结合改良而成的，同时具备 SLA 的精度高和 LOM 原料种类多、成品强度大的特点，但出品速度较慢。

（4）薄型材料选择性分层实体成型（LOM）

该技术以薄型板材为原料，一般有纸、塑料薄膜、金属薄膜等，此类薄片一面涂有热熔胶，当激光对薄片进行轮廓切割时，热熔胶熔化，薄片层层黏合，下一片切割与上一片黏合，如此反复直至形成预期形状。LOM 技术不用扫描整个产品截面，只需对轮廓进行扫描切割，因此较为节约时间，但材料浪费大，模型精度不够，适宜大型模型的制作。

（5）喷墨三维打印成型（3DP）

该技术与 SLS 技术原料一样为粉末状耗材，成型原理也类似，均为：将铺在舱体的粉材按一定路径固化形成截面后进行层层叠积成型。但固化方式与之不同，SLS 是通过激光烧结固化粉材，而 3DP 是通过喷头喷出的黏结剂对粉材进行固化。

5.3.3　快速成型技术的基本流程

快速成型技术虽有不同材质的原料、原料形态与固化方式，但其成型流程基本相似。首先，要构建预期实体模型的三维数字模型，再通过计算机信息指令将创建的三维数字模型进行离散，也就是分层处理，将三维数字模型变为薄的片状模型。接着将数据传输至快速成型设备，设备在数控下加工出之前切出的薄片，并进行黏结，层层堆积，直至形成预期实体模型（图 5-100）。

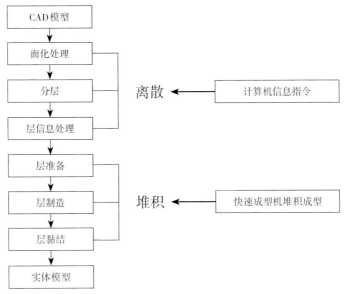

图5-100 快速成型技术基本流程

5.3.3.1 模型构建

快速成型技术基于三维数字模型（3D Modeling），三维数字模型是指在虚拟三维数字空间中用数据构建的可视的模型。目前获取三维数字模型较成熟的方式主要有：利用计算机 3D 建模软件构建模型和对实体产品进行三维扫描生成模型，前者常用于正向产品开发流程，后者常用于逆向产品开发流程。另外还有一种基于二维图像的三维建模技术也在如火如荼地开发着。

计算机 3D 建模方式繁多，在工业设计领域目前主流建模方式有 Nurbs 曲面建模、Polygon 多边形建模和 Parametric 参数化建模三种。根据后续需求选择对应的建模方式，可让设计事半功倍。

3D 模型有用来进行可视化表达的，此类模型不要求过多的精确度，只需让观众在感知层面感受模型即可；也有用来进行工业生产、模拟研究的，但需要高度的科学性和精确性。根据使用目的的不同，我们将建模软件分为：适用于几乎所有目的的通用 3D 建模软件和专业行业的 3D 建模软件。

通用 3D 建模软件适用于产品模型制作的有：3DS Max、Rhino 和 SketchUp 等。

Rhinoceros 中文名为犀牛（图5-101），通常简称为 Rhino，是由美国 Robert McNeel & Assoc 公司在 1998 年开发的 PC 端专业 3D 建模软件，它以 Nurbs 建模方式为主，操作灵活、自由度高，对计算机的配置要求也相对较低，是工业设计类学生必学的软件之一。它被广泛地应用于工业产品设计、珠宝设计、工业制造、科学研究以及机械设计等领域，能输出OBJ、DXF、IGES、STL、3dm、STP、STP、PDF等不同格式，并适用于几乎所有3D软件，甚至部分平面软件。

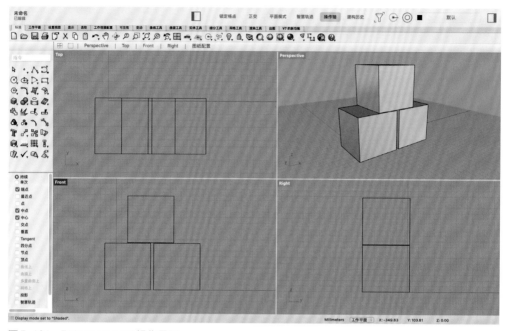

图5-101　Rhinoceros 7.0操作界面

3D Studio Max（图5-102），常简称为3D Max或3DS Max，是Discreet公司开发的（后被Autodesk公司合并）基于PC系统的3D建模渲染和制作软件。该软件应用范围广，主要应用于建筑设计和游戏动画设计方向，还应用于广告、影视、工业设计、多媒体制作以及工程可视化等。因为其具有应用范围广泛、入门操作简单、插件众多、功能全等特点，所以此软件拥有非常多的用户群体。但模型精度略差，难以胜任工业级的曲面建模。

SketchUp（图5-103）中文名为草图大师，它几乎可以称得上是所有3D建模产品中最为简单、易上手的软件之一，常用于室内设计、园林设计、景观设计、城市规划、产品设计等领域，有较高的建模效率和出图效率，是非常优秀的方案创作工具。但由于其模型精度低，仅适用于设计表达，不适宜用于高精度工程制造。

除了以上工业产品设计领域常用的通用3D建模软件外，动画设计领域常用的3D建模软件为：Maya和Blender。

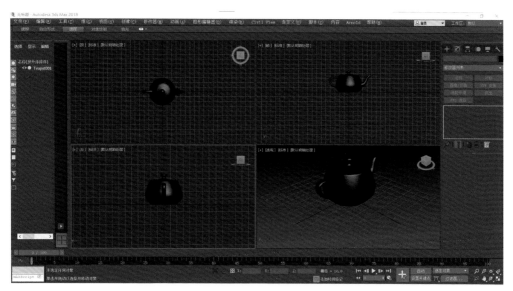

图5-102 3DS Max 2018操作界面

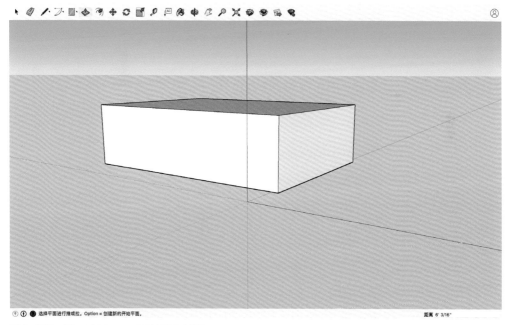

图5-103 SketchUp pro 2020操作界面

行业中通用的3D建模软件有：Pro/Engineer（一般简称为Pro/E，图5-104）、SolidWorks（图5-105）、AutoCAD（图5-106）、CATIA、NXDE、CAXA、开目CAD等。其具体应用范围大致如下：Pro/E以参数化闻名，是最主流的计算机辅助设计（CAD）、计算机辅助制造（CAM）和计算机辅助工程（CAE）软件之一，主要应用于草图绘制、零件制作、装配设计、钣金设计、工业设计、航空航天等领域；SolidWorks 则在装配设计、工程图生成、零件设计、机械产品设计等方面表现出色；CATIA、UG 为更加专业的工程设计与制造软件，可以贯穿整个产品开发的流程，因而普遍应用于航空航天、船舶、汽车等高端领域。CAXA 和开目 CAD 软件是国内公

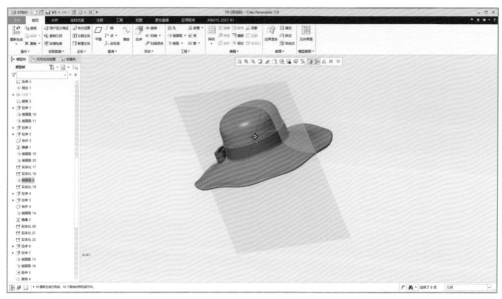

图 5-104　Pro/E 7.0 操作界面

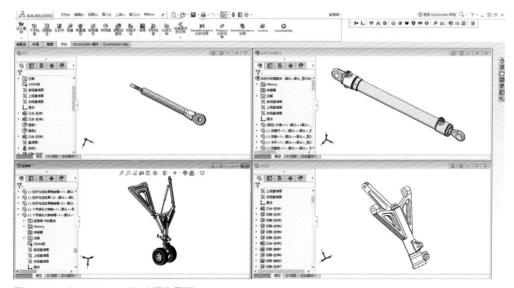

图 5-105　SolidWorks 2016 操作界面

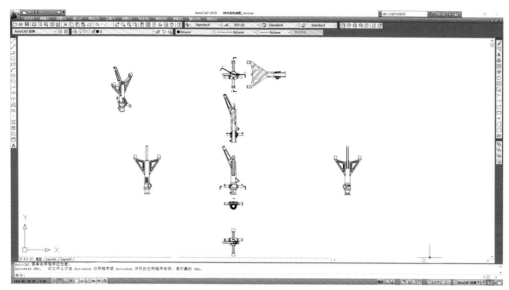

图5-106   AutoCAD 2010操作界面

司自主研发、拥有自主版权的优秀计算机辅助设计制造软件，较为符合我国设计人员的习惯，一般用于装饰装潢、土木建筑、工业制图、服装加工等方面。

一个有经验的设计师总是可以根据不同的需求和应用范围选择合适的软件进行建模，以提高工作效率。

5.3.3.2   切片与打印

（1）模型的导出与导入

在三维辅助设计软件中构建数字模型后，导出可进行直接打印的格式，如OBJ、STP、STL、AMF等。再将导好的模型导入编辑软件，注意导入时要考虑好模型的形状、摆放位置与角度问题。最后进行模型检查，检查模型是否存在破面、缝隙或坏边，如有损坏，可使用编辑软件进行修复。

（2）添加支撑

模型中遇到某些悬空、架桥或外倾角度过大的结构（一般桥长超过5mm，外倾角超过45°），就需添加支撑。但支撑的添加会增加材料成本、打印时间与后期处理难度。因此我们在打印时，尽量避免添加不必要的支撑。

（3）设置切片参数

切片也就是按规定厚度将模型切割成最小打印单位（薄片），即打印机喷涂的运动轨迹，切片参数一般根据工艺要求来设置。常见的软件有：Cura、Cimplify3D、

3DXpert等，还有一些快速成型机品牌自带软件。

（4）打印

打印前应先检查设备工作台表面是否干净、原料是否充足等，确认无误后即可开始打印，整个打印期间基本无须人值守，直至打印结束。

（5）取件

打印完成后，将模型从打印平台上取走，可使用铲刀将支撑铲断，也可将打印平台一起取出，使用锯条等其他工具卸下零件。取出模型后及时将工作台清理干净，铲走支撑碎片，避免影响下次打印成型（图5-107）。

图5-107　清理工作台

5.3.3.3　后期处理

目前，无论是哪种打印方式，逐层堆积的纹路还是较为明显的，特别是在有大量支撑的情况下。因此，需进行后期处理，通过去掉多余结构支撑、打磨、抛光、上色等工艺，将模型变得更精美、更贴近设计期望。

（1）砂纸打磨

砂纸是表面处理中使用最普遍的打磨工具，在模型打磨中常用的规格有：400目、600目、800目、1000目、1200目、1500目、2000目，目数越小，砂纸越粗糙。砂纸一般分为：水砂纸和金相砂纸，分别适合水磨和干磨，有条件的也可以选择机器打磨。研磨膏主要用于金属及其他硬质件的打磨中，可提高打磨效率，在产品模型打磨中可视情况选择研磨膏。打印的常规塑料模型可先用中等目数的砂纸进行粗磨，去除支撑点和纹层，再使用1000目左右的砂纸进行整体精磨，如要抛光，则需使用更高目数的砂纸。

（2）表面喷砂

表面喷砂工艺是现阶段最有效、最全面的表面清理与打磨方式，其原理是：压缩空气产生的动力将喷料（铜矿砂、石英砂、金刚砂、铁砂、海砂等）高速喷射在工件表面，以达到表面清洁或打磨抛光的目的。此工艺相较手工打磨工作效率更高，可大大缩短制作工期，但具有一定操作难度，需专业人士操作。且喷料极细，容易被人体吸入，对人体产生伤害，因此操作过程中需全程做好防护。

（3）组装装配

打印出的模型一般分为单体和组合体，组合体需进行组装装配。装配前应研究好图纸，仔细分析各个零件、结构。装配过程中可以选用胶水、螺栓、螺母等进行连接。

（4）上色处理

上色是在打磨后的模型上进行的一道工序，可以提高模型的完整度，使其更加精美。上色处理的方法各异：有最容易学习和操作的纯手工颜料上色法；有运用最为广泛的喷漆法；有成本较高但效果最好的电镀和纳米喷镀法。除了以上方法外，水转印、热转印、移印、丝印等表面印刷工艺也可用于模型表面处理，读者可根据实际情况选择合适的上色工艺。

5.3.4　实例讲解

这里我们选取：建模软件——犀牛（Rhino）、切片处理软件——Materialise Magics 和某型号液态光敏树脂固化成型设备，进行快速成型模型制作的实例讲解。

（1）认识设备（图5-108）

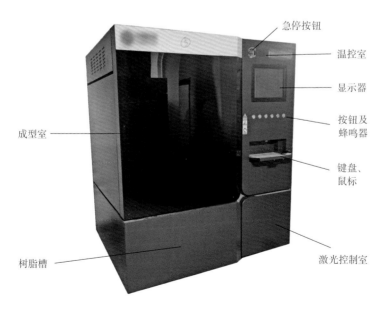

图5-108　设备外观

成型室（图5-109）：是设备打印的工作间，主要包括工作平台、刮平器等。

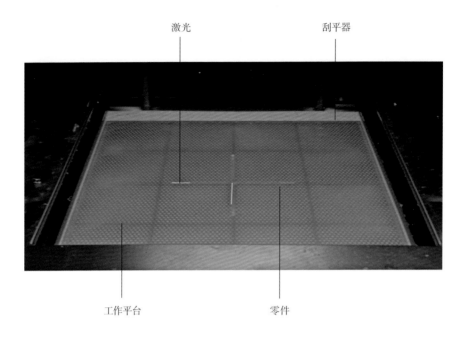

图5-109　成型室内部

树脂槽：用于盛放打印原料树脂液体。

急停按钮：用于设备紧急制动。

温控室：用于控制成型室的环境温度。

显示器、按钮、键盘、鼠标：用于控制设备的运作。

蜂鸣器：用于提示与报警。

激光控制室：用于控制激光的运作，激光对眼睛有害，注意不要直视激光。

激光：用于固化光敏树脂。

刮平器：在打印时涂平树脂液体。

零件：生成的薄片层层叠积，边叠边下沉，直到打印结束后升起到成型室，即可取出。

（2）建模

根据设计草图在犀牛软件中构建模型（图5-110）。

图5-110　在犀牛软件中构建模型

（3）数据交换

　　将建好的犀牛模型导成快速成型软件适用的格式，即进行两种软件间的数据交换，常见的有：OBJ、STL、STP等。具体操作：文件（File）→另存为（Save As）→STL（图5-111）。

（4）导入STL模型

　　打开模型切片与修复软件Materialise Magics，打开之前保存的STL格式文件。具体操作：文件→加载→导入零件（图5-112）。

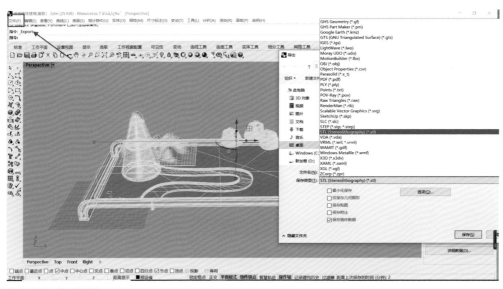

图5-111　格式导出

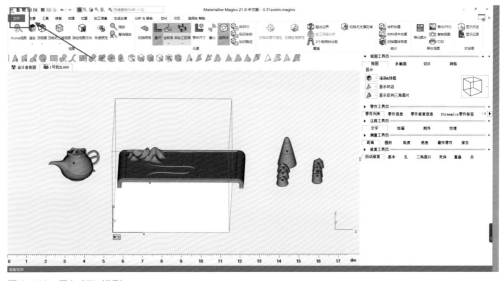

图5-112　导入STL模型

（5）修复与生成支撑

根据模型质量选择是否修复模型，根据快速成型类型选择是否添加支撑及支撑类型（图5-113）。

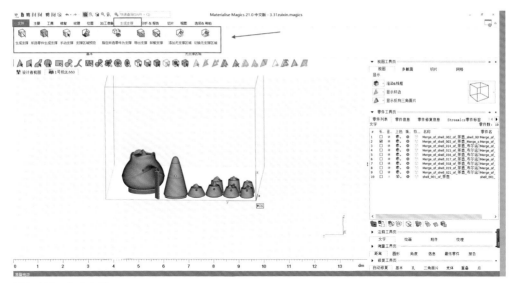

图5-113 生成支撑

（6）模型切片

　　根据模型大小及设备的规格进行与切片相关参数的设置（图5-114），切片完成后将生成一系列快速成型打印文件（图5-115）。

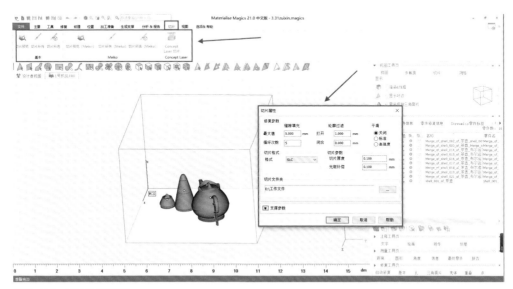

图5-114 切片参数设置

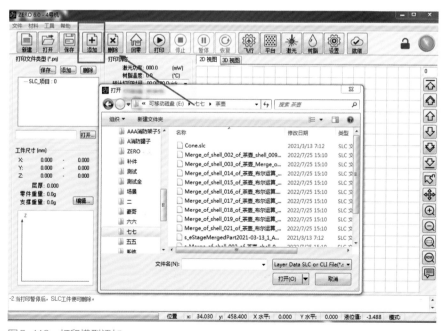

图5-115　切片后

（7）打印

　　将PC端的切片数据传输到快速成型设备端，操作设备进行打印。具体操作：添加→参数设置→打印（图5-116~图5-118）。

图5-116　打印模型添加

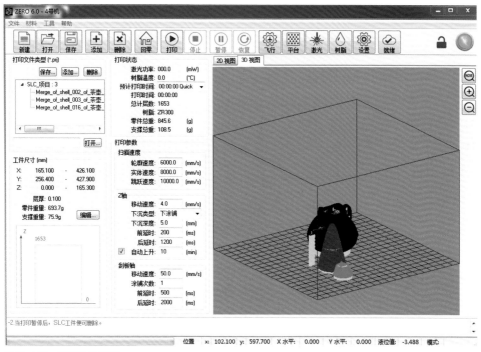

图5-117 打印参数设置

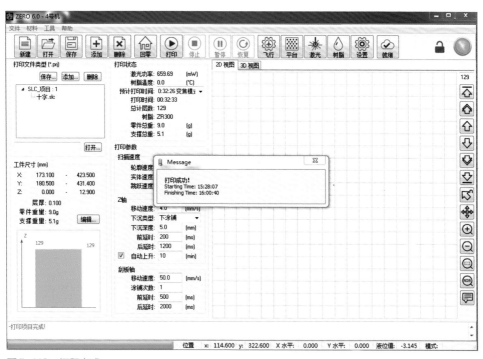

图5-118 打印完成

（8）取件

提示打印成功后，将成型的打印件从成型室中取出，一个打好的产品白模即制作完成（图5-119）。取出时注意不要将树脂溅到眼睛里或皮肤上，如有则需及时清理。

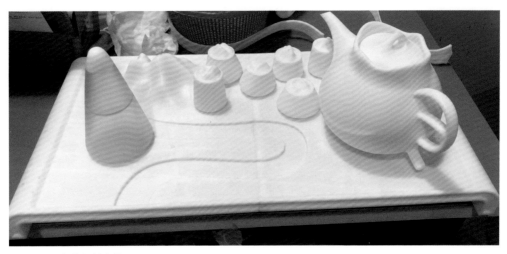

图5-119　打印好的白模

（9）后期处理

后期处理包括二次固化、表面处理（打磨、上色等）工序。到这一步，一个模型就基本制作完成（图5-120和图5-121）。

图5-120　印花前

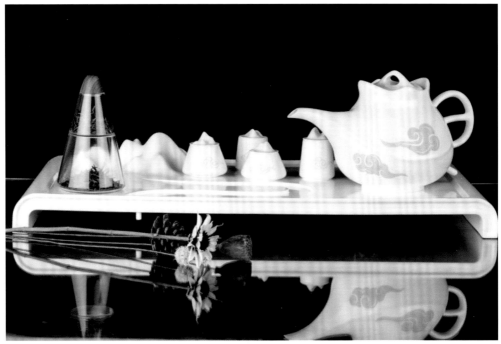

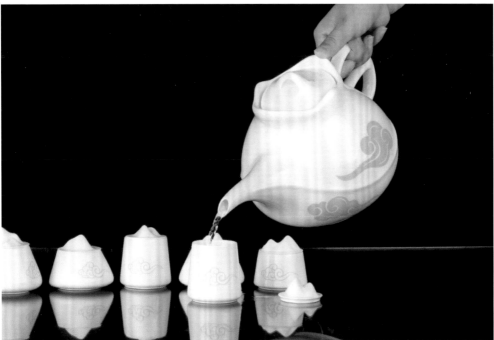

图5-121　成品

5.3.5　快速成型模型赏析❶

作品赏析如图5-122所示。

---

❶ 本小节中的模型作品均为西华大学产品设计专业学生作品。

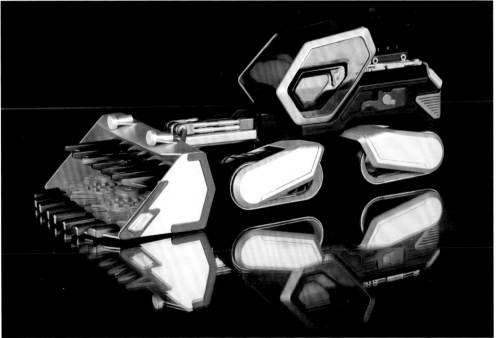

图5-122

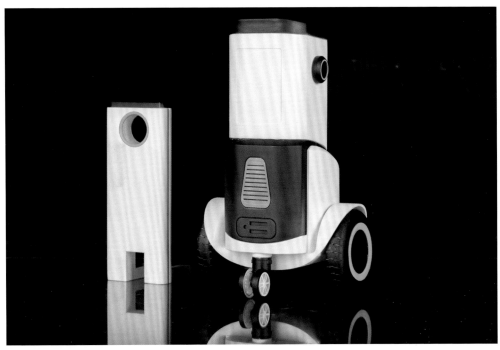

图 5-122

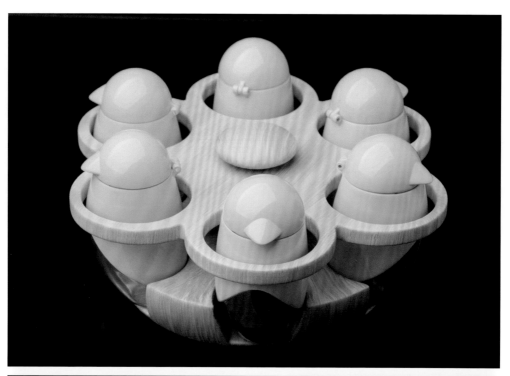

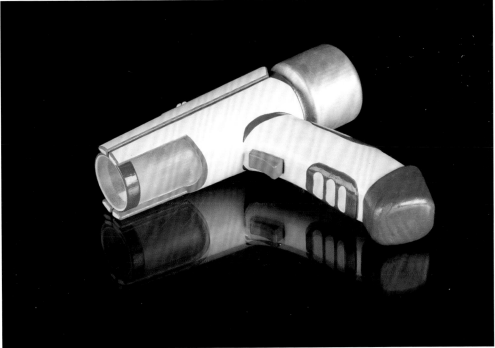

图 5-122

图 5-122

图5-122　作品赏析

参考文献

[1] 江湘芸. 产品模型制作. 北京: 北京理工大学出版社, 2005.

[2] 杜海滨, 胡海泉. 工业设计模型制作. 北京: 中国水利水电出版社, 2011.

[3] 韩霞. 快速成型技术与应用. 北京: 机械工业出版社, 2016.

[4] 周爱民, 欧阳晋焱. 工业设计模型制作. 北京: 清华大学出版社, 2012.

[5] 徐宝成. 汽车油泥模造型. 北京: 机械工业出版社, 2016.

[6] 任文营, 刘志友, 汤园园. 产品模型设计与制作. 北京: 清华大学出版社, 2017.

[7] 赵卫东, 龙圣杰. 产品设计表达——油泥模型. 重庆: 西南师范大学出版社, 2008.

[8] 王云琦. 展示设计. 北京: 印刷工业出版社, 2014.